油藏工程数据分析

卜亚辉　著

中国石化出版社

图书在版编目(CIP)数据

油藏工程数据分析 / 卜亚辉著. — 北京 ：中国石化出版社, 2021. 12
ISBN 978-7-5114-6517-7

Ⅰ. ①油… Ⅱ. ①卜… Ⅲ. ①油藏工程-数据处理
Ⅳ. ①TE34

中国版本图书馆 CIP 数据核字(2021)第 252197 号

中国石化出版社出版发行
地址:北京市东城区安定门外大街 58 号
邮编:100011　电话:(010)57512500
发行部电话:(010)57512575
http://www.sinopec-press.com
E-mail:press@sinopec.com
北京科信印刷有限公司印刷
全国各地新华书店经销
*
710×1000 毫米 16 开本 12 印张 219 千字
2022 年 12 月第 1 版　2022 年 12 月第 1 次印刷
定价:82.00 元

前言
Preface

本书特别适合具备一定编程能力（例如 C++、VB、Fortran、Matlab 等）的油藏工程师阅读参考，可辅助其快速掌握 Python 语言及各种数据分析模块，从而实现高效的数据挖掘分析。

书中内容主要来自笔者日常工作的总结和思考，写作初衷是整理一本实用学习笔记、常见错误代码集合，方便在工作中查缺补漏，提高工作效率。后来，为了加强本书的实用性和全面性，又加入了与同事、朋友研讨中的经验和心得，对学习中"难理解""易出错"的问题做了系统整理。作为初学者，往往需要投入非常多的精力收集散落于互联网各处的学习资料，也可能会耗费大量的时间去钻研某些经典教材，陷入"学得很深，但不知道如何运用"的窘境。

互联网上各种论坛中常有人调侃道："大数据，从入门到放弃。"因为我们面对的学习对象不仅有理论深度，而且更新极快，有些知识刚刚掌握或未来得及深入研究就显得略有过时。

笔者在编写本书过程中本着"能懂、够用、上手快"的原则，尽力做到以下三点：第一，算法原理通俗易懂，章节筛选重点凸出，帮助读者节省学习时间；第二，根据油藏工程师的业务需求设计学习策略，短时间内建立高效数据挖掘知识结构，降低学习门槛，激发学习热情，做到"深学有章可循，浅学有码可依"；第三，提供各类场景功能代码，读者可直接复制并改造后使用，避免现找、现写等重复性劳动。

本书代码在 Anaconda+Python3.7 环境下进行测试，读者可根据自己电脑环境及错误提示修改代码，另外随书代码可通过邮件索取（389318820@qq.com）。由于笔者能力有限，书中不妥之处在所难免，敬请读者批评指正。

目录
Contents

第1章 环境搭建

1.1 Python 安装

学习 Python 要从环境搭建入手,通过多种途径可以实现安装。初学者一般会选择集成开发环境(Integrated Development Environment,简称 IDE),这是因为仅安装 Python 是不能完成矩阵计算、图形绘制等工作的,还需要依赖 NumPy、Matplotlib、Pandas 等各种工具包,集成环境将所有工具包打好,省去操作者很多工作。

常用的集成开发环境包括 Anaconda 和 PyCharm 两种(图 1-1),两种环境各有优缺点,在选择时仅需要根据,操作习惯进行选择即可,但在安装时要注意操作系统(Windows/MacOS/Linux)、位数(64 位/32 位)和版本(2. 7/3. 7)的选择。

图 1-1 开发环境工具

官方网站提供了详细的教程及丰富的参考资源,以下为官方网站地址,学习者可自行搜索:

(1) Python 官网:https://www. python. org/。

(2) Anaconda 官网:https://www. anaconda. com/。

(3) PyCharm 官网:https://www. jetbrains. com/pycharm/。

集成开发环境不仅为读者提供了一整套提高编程效率的工具,比如调试、语法高亮、Project 管理、代码跳转、智能提示,还可以创建虚拟环境,实现不同版本 Python 工具包之间的自由切换。

下文介绍以 Anaconda3. 4. 8 为例(图 1-2),Anaconda 安装过程中一直点击 Next 即可,其中一步会提示是否添加环境变量,可以选择添加,如果当时未选择,后期可以手动修改添加。Anaconda 安装完成后,在 Windows 开始菜单中会出现很多快捷方式,Anaconda Navigator、Anaconda PowerShell、Anaconda Prompt、Jupiter、Spyder。

图 1-2　导航操作界面

1.1.1　导航(Navigator)

图 1-3 为用界面的方式实现维护操作,Home 页面负责在每个环境上安装编译工具,使用 Applications on 下拉菜单切换环境(自己创建多个虚拟环境);Channels 查看升级地址;Jupyter 或 Spyder 编程窗口,安装并点击 Lauch 打开,尚未安装显示 Install,右上角的"设置"按钮控制软件的卸载及版本升级、降级。

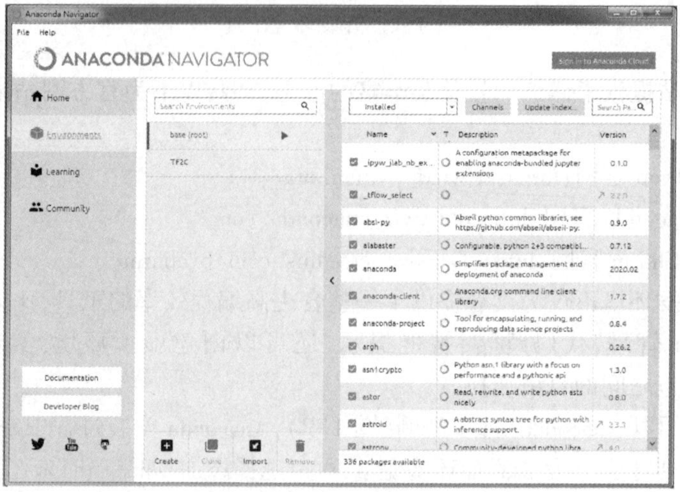

图 1-3　环境及工具包维护界面

例如创建新环境 MyEnv，安装 Spyder 后，Windows 菜单栏会出现 Spyder（MyEnv）的快捷方式，点击直接进入，而不需要借助 Navigator。

Environments 负责维护每个环境下的工具包，可以创建（Create）、复制（Clone）、导入（Import）、删除（Remove）。

环境创建完成点击右侧扩展菜单，其中 Open Terminal（进入命令行）、Open with Python（进入对应环境的 Python）。

使用 Navigator 的工具按钮可实现很多 Prompt 命令行下的常用操作。最右侧显示已经安装的和未安装的各种工具包，安装及卸载只需要点击对应软件，Apply 等待完成。如果切换了工具包下载地址（Channel），需要点击 Update Index 更新地址，否则不起作用。

Learning 页面提供了丰富的教程，Community 页面提供了各种论坛社区，若读者用好这些工具可获得事半功倍的效果。

1.1.2 命令行（Prompt）

Anaconda 常用指令 conda--version 查看 conda 版本 conda-V conda--help 获取帮助 conda-h conda update--help conda remove--help	**Anaconda 环境操作** conda env list #查看已有环境 conda info-e #查看已有环境 conda create -n your_env #新建环境 your_env conda create -n your_env_python = 3.5 numpy pandas #创建环境，指定 python 版本 activate 环境名 #切换环境 deactivate #返回环境

注意：安装工具包可选择 conda 和 pip 两种方式，尽量使用 conda 命令，因为系统将自动检查其需要的前置包并进行安装，省去了分析工具包之间相互依赖关系的工作。使用 pip 安装的工具包，Navigator→Environment→Description 一栏中会显示 Python 图标，而使用 conda 命令安装的工具包会显示 conda 图标。

1.2 升级与维护

常用安装工具包命令有两种，分别为 conda install 和 pip install。在安装工具包时，系统默认国外网站，下载过程通常非常缓慢，此时可以采用国内镜像进行加速。

1.2.1 conda install 命令

国内有多个镜像地址，比如连接清华的镜像网站，该网站上提供了详细的修改地址说明。网址为：https://mirror.tuna.tsinghua.edu.cn/help/anaconda/。

Anaconda 修改 Channel 配置文件：打开 C:\\Users\\Administrator\\目录下的(Administrator 用户名找自己的).condarc 文件。替换内容如下。

```
channels:
  - https://mirrors.tuna.tsinghua.edu.cn/anaconda/pkgs/main
  - https://mirrors.tuna.tsinghua.edu.cn/anaconda/pkgs/free
  - defaults
show_channel_urls: true
channel_alias: https://mirrors.tuna.tsinghua.edu.cn/anaconda
default_channels:
  - https://mirrors.tuna.tsinghua.edu.cn/anaconda/pkgs/main
  - https://mirrors.tuna.tsinghua.edu.cn/anaconda/pkgs/free
  - https://mirrors.tuna.tsinghua.edu.cn/anaconda/pkgs/r
  - https://mirrors.tuna.tsinghua.edu.cn/anaconda/pkgs/pro
  - https://mirrors.tuna.tsinghua.edu.cn/anaconda/pkgs/msys2
custom_channels:
  conda-forge: https://mirrors.tuna.tsinghua.edu.cn/anaconda/cloud
  msys2: https://mirrors.tuna.tsinghua.edu.cn/anaconda/cloud
  bioconda: https://mirrors.tuna.tsinghua.edu.cn/anaconda/cloud
  menpo: https://mirrors.tuna.tsinghua.edu.cn/anaconda/cloud
  pytorch: https://mirrors.tuna.tsinghua.edu.cn/anaconda/cloud
  simpleitk: https://mirrors.tuna.tsinghua.edu.cn/anaconda/cloud
ssl_verify: true
default_python:
```

修改完成后，需要 Channel 和 Update 一下，这样就看见各种工具包了。

1.2.2 pip install 命令

使用国内镜像加速 pip 命令，修改 pip 的配置文件。打开 C:\\Users\\Administrator\\AppData\\Roaming\\目录，创建 pip 文件夹，进入文件夹创建 pip. ini 文件，以上示例为切换清华镜像，如果要切换阿里镜像或中科大镜像，学习者可自行搜索并修改相应网址。

```
[global]
timeout = 6000
index-url = https://pypi.tuna.tsinghua.edu.cn/simple
trusted-host = pypi.tuna.tsinghua.edu.cn
```

pip 还有一种方法直接下载安装包(*. whl)，网址为 https://pypi.org/，实测国外网站通过迅雷等工具可加速下载，安装方法为 Navigator→指定环境→Open Terminal，通过 CD 命令进入下载目录(Win+R→cmd→CD D：//Setuptools)，pip install *. whl，工具包就安装在对应环境下。conda 的工具包更新较 pip 相对滞后，最新、最全的工具包还须去 pip 上查找。

1.2.3 环境变量

在 Windows 系统下，假如安装了某款软件，安装结束后，在安装目录会生成一个该软件的 . exe 文件，双击该文件，即可启动软件。但是，每次要运行该软件时，都要先找到该 . exe 文件所在的路径，当安装的软件太多，无法记住所有已安装软件的路径时，就需要环境变量了。

通过在环境变量里加入所有软件的安装路径，当运行某一软件时，双击其快捷方式或者在 DOS 界面输入软件名称，此时，计算机除了在其当前目录下寻找该软件的 . exe 文件外，还在环境变量中搜索该软件的路径。

设置方法：右键单击“此计算机”，然后选择“属性”选项。进入控制面板首页后，点击“高级系统设置”按钮，将弹出的界面切换到“高级”页签，点击“环境变量”按钮。把目录位置添加到 Path。

1.2.4 Notepad++运行代码

Notepad + + 是个纯文本编辑器，功能类似 UE，比 Windows 自带的 Notepad (记事本)强大，它不仅可以用来制作纯文本文件，也十分适合编写计算机程序代码。Notepad++ 不仅有语法高亮度显示，也有语法折叠功能，并且支持宏及扩充基本功能的外挂模组。

为什么要使用 Notepad++呢？因为当需要运行不同虚拟环境的 Python 时，从 Anaconda 切换环境太慢，可以用 Notepad++直接访问 Anaconda 安装目录位置(C:\\ProgramData\\Anaconda3\\env)文件下的不同版本的 Python。事实上，

Anaconda 在创建环境时，就是重新安装一遍 Python 及配套工具。每安装一个环境就要配套一个 Spyder 或 Jupyter 是十分浪费的，而使用 Notepad++的运行命令可实现不同环境 Python 的调用。

```
#在 Notepad++调用 Base 环境下的 Python(菜单栏→运行→)
cmd /k D:\ProgramData\Anaconda3\python.exe "$(FULL_CURRENT_PATH)" & PAUSE & EXIT
#在 Notepad++调用 Tensorflow 环境下的 python( 菜单栏→运行→)
cmd /k D:\ProgramData\Anaconda3\envs\Tensorlfow\python.exe "$(FULL_CURRENT_PATH)" & PAUSE & EXIT
```

1.3 编程操作

编程界面如图 1-4 所示，本书以 spyder 为例，上方为工具栏，左半部分为编辑器，右上方可以显示变量类型、大小与内容，右下方为 Ipython 控制台。

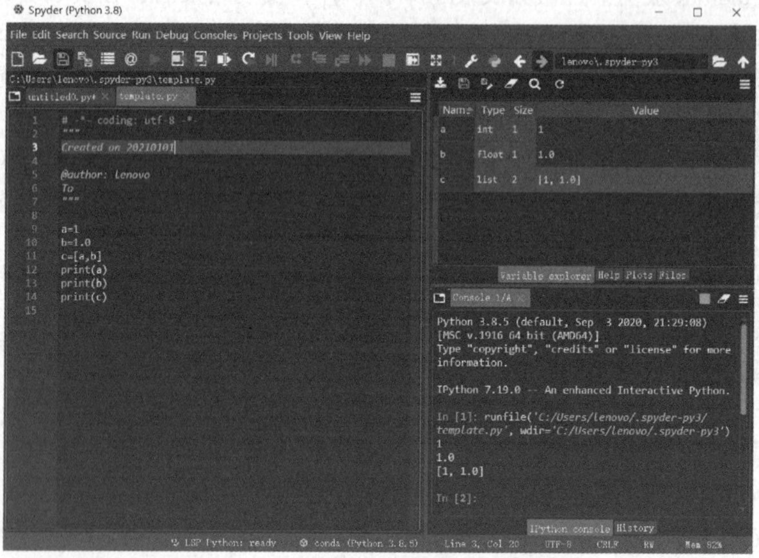

图 1-4　编程界面

打开编程界面，默认语言为英文，默认界面整体背景为黑色。选择“Tools”中的“Preferences”，弹出 Preferences 小窗，左侧按钮选择“General”，进入“Advanced settings”，选择“Language”，可将英文改为简体中文。Spyder 中默认勾选“Use a single instance”，取消该选项，之后再打开 Spyder，显示的也是简体中文(图 1-5)。

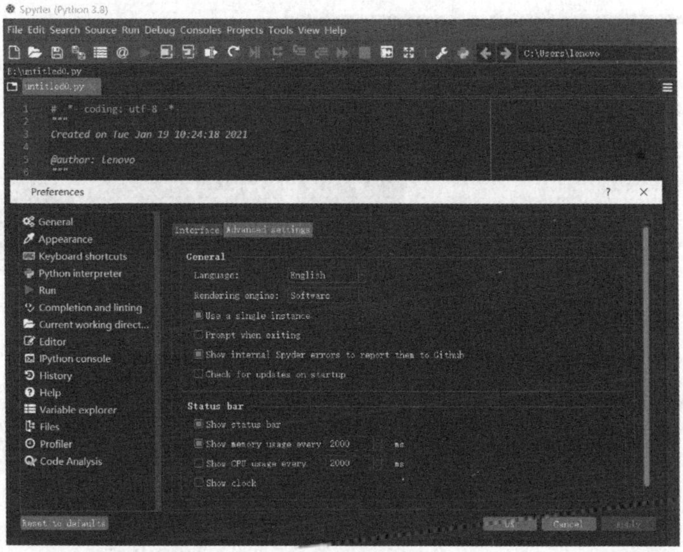

图 1-5　常用设置窗口

现在以简体中文显示继续讲解其他设置。点击“外观”，我们可以更改“主界面”“语法高亮主题”“字体”。在“主界面”中界面主题默认“Automatic”，选择“Light”后重启 Spyter，可以看到除编辑代码的小窗和 Ipython 控制台外，界面由黑色变为白色。在“语法高亮主题”中默认“Spyder Dark”。此外还有多种选择，并可以根据个人喜好进行设置，比如把“Spyder Dark”更改为“Spyder”，界面显示如图 1-6 所示。

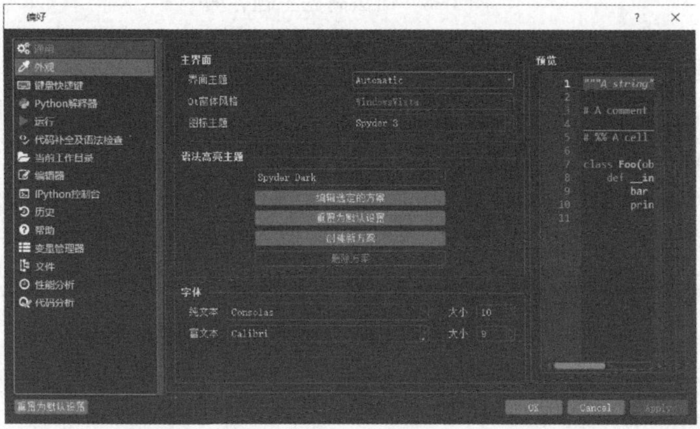

图 1-6　外观设置

图 1-7 和图 1-8 分别为代码风格设置界面和语法高亮主题界面。

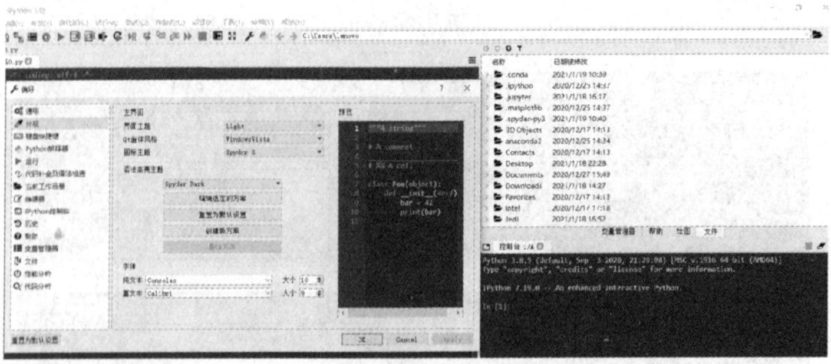

图 1-7　代码风格设置界面

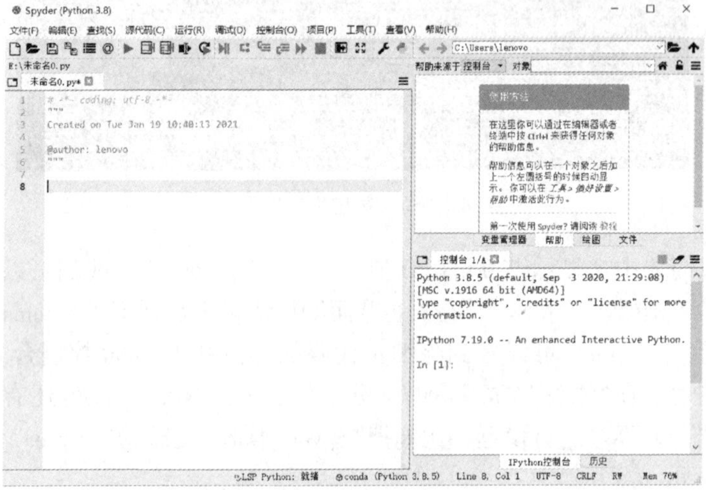

图 1-8　语法高亮主题界面

在“偏好”中有“键盘快捷键”这一项(图 1-9)，从中查看多种操作的键盘快捷键，鼠标左键双击某一快捷操作，可以自定义对应的快捷键。特别值得注意的快捷键有：Ctrl+1 为注释编辑器中的内容或取消注释；Tab 为缩进，Shift+Tab 为取消缩进；Ctrl+Shift+B 为断点，可以进行代码调试；F5 为运行代码。

选择“编辑器”→“高级设置”(图 1-10)，用鼠标点击“编辑用于新文件的模板”。注意编辑器部分发生变化，对编辑时间、作者等进行更改，或者添加其他新的信息。点击“Apply”，保存此文件，下次新建 py 文件时，这部分内容仍旧为修改后的信息。

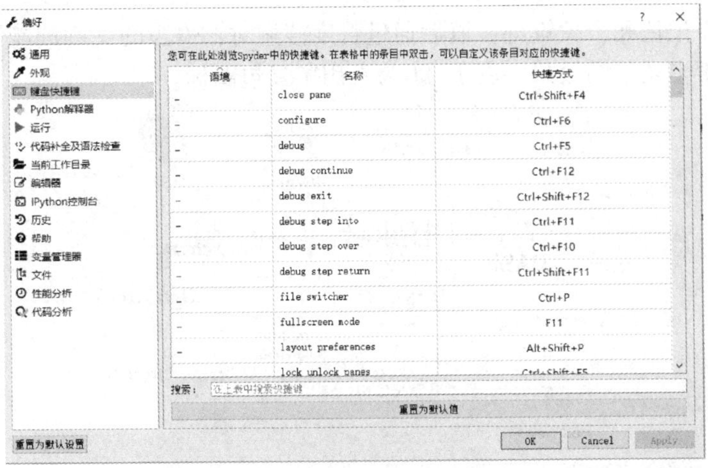

图 1-9 键盘快捷键设置界面

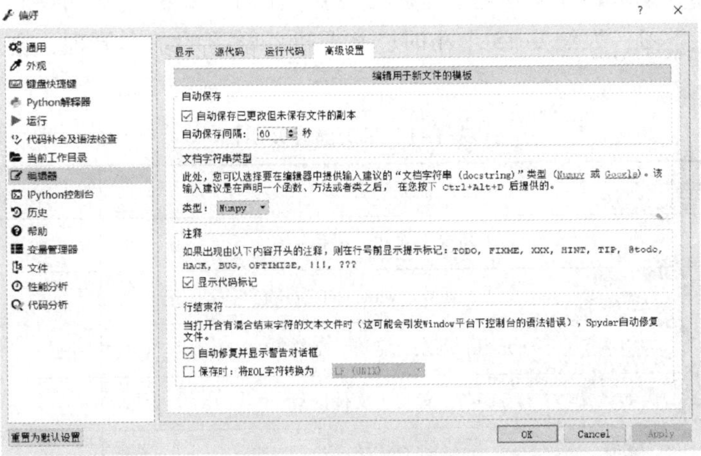

图 1-10 编辑器设置界面

1.4 学习路线及资料

Python 工具包众多，在互联网上可以搜索到各种“学习技术路线”相关指南，本着“先够用，再边用边学”的原则，并非所有教程内的训练都必须要学完，比如网络模块日常工作应用较少可以先放下，学习者也不需要常做微积分运算，又如对 SciPy 就不用钻研太深，也不必详细解读每一行代码，只需要翻看开头功能介绍部分，加深自己对整个模块功能的了解，日后需要用时知道来这里找即可。或者，至少记住几个关键词，以后通过百度搜索时，恰当的关键词能够帮实现搜索，达到事半功倍的效果。图 1-11 为常用工具包图标。

图 1-11　常用工具包图标

结合油藏工程应用需求，笔者设计如下学习规划表(表 1-1)，可以分为两部分：第一部分是基础知识学习，大约要 20 个小时，掌握基本知识和代码；第二部分是机器学习，大约要 15 个小时，掌握机器学习的基本原理，会操作简单的代码。

表 1-1　学习路线及时间

课 程	主要内容	学时/h
Anaconda	安装、维护、操作	1
Python	变量、运算、while、if、print	2
	元组、列表、字典、字符串	2
	函数、模块、文件读写	2
	综合练习	3
NumPy	创建、类型、保存、信息、计算	1
	聚合、比较、排序、复制、切片、索引	1
Matplotlib	figure、Axis、Legend、Annotation	1
	Scatter、Bar、Contours、Subplot	1
SciPy	创建矩阵、求逆、范数、行列式	2
	加减乘除、特征值、特征向量、奇异值分解	1

续表

课 程	主要内容	学时/h
Pandas	Dataframe、导入导出、取值、SQL	1
	删除、排序、函数、信息、填充	1
	透视、分组、融合、连接、迭代、作图	2
Scikit-learn	加载数据、标准化、归一化、缺失填充	1
	线性回归、SVM、贝叶斯、KNN、PCA	2
Keras	全链接神经网络	1
	卷积神经网络(CNN)	2
	循环神经网络(RNN)	1
Tensorflow	Session、Variable、Placeholder、Activation Function	2
	Overfit、Classification、CNN、RNN、LSTM	3
	MNIST、iris	2

1.4.1 思维导图

通过百度搜索“Python 学习路线”，会出现各种简化版的思维导图(图 1-12)，非常适合初学者建立整体框架。此外，一定要把思维导图打印出来，标注好每块内容的学习时间。看书前，把导图摆在面前，有一种按图索骥的感觉。将思维导图下载到手机里，随时查看自己的知识网络中还缺少哪个节点。如果觉得互联网上的图不够清晰，或者需要拼接一幅适合自己的思维导图，则可以下载 MindMaster 等类似软件，边学习边绘制一幅适合自己的图，这样记忆会更加深刻。

1.4.2 速查表

还有一种学习的好工具，在国外叫作 CheetSheet(备忘表、小抄单)，在国内常被翻译成“速查表”，笔者第一次遇到速查表是在学习 Pandas 过程中，发现官网提供的一张表非常好用(图 1-13 和图 1-14)。后来在 DataCamp 网站，发现了各种模块的表格，当时确有种如获至宝的感觉。记得当初笔者在学 C++时，购买了一本经典教材，常用代码都用彩色标注，同时将自己的经验写在空白外，遇到问题就会从该书中查找求解。但学 Python 就已经很少翻书了，大约 70%的问题几乎都能在速查表里找到，剩下的 30%则通过百度查找比翻书要快很多。

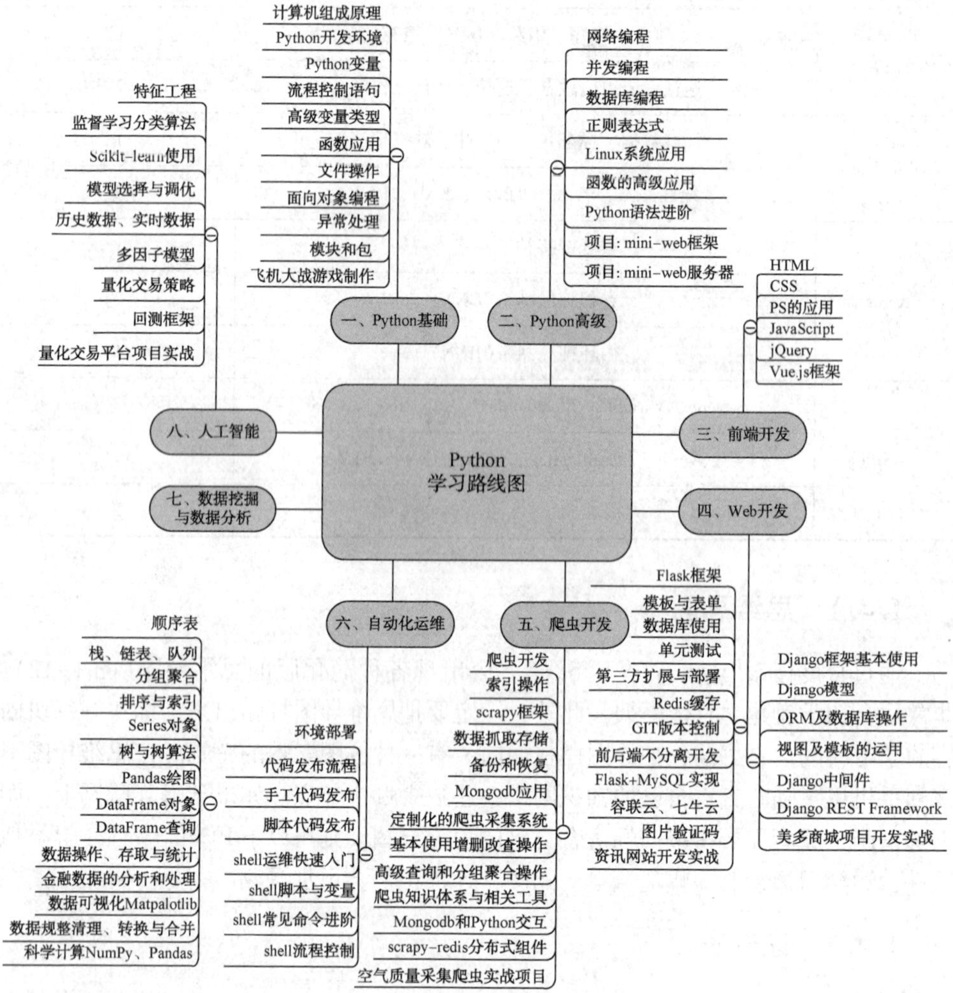
Python
学习路线图
一、Python基础
计算机组成原理
Python开发环境
Python变量
流程控制语句
高级变量类型
函数应用
文件操作
面向对象编程
异常处理
模块和包
飞机大战游戏制作
二、Python高级
网络编程
并发编程
数据库编程
正则表达式
Linux系统应用
函数的高级应用
Python语法进阶
项目: mini-web框架
项目: mini-web服务器
三、前端开发
HTML
CSS
PS的应用
JavaScript
jQuery
Vue.js框架
四、Web开发
Flask框架
模板与表单
数据库使用
单元测试
第三方扩展与部署
Redis缓存
GIT版本控制
前后端不分离开发
Flask+MySQL实现
容联云、七牛云
图片验证码
资讯网站开发实战
Django框架基本使用
Django模型
ORM及数据库操作
视图及模板的运用
Django中间件
Django REST Framework
美多商城项目开发实战
五、爬虫开发
爬虫开发
索引操作
scrapy框架
数据抓取存储
备份和恢复
Mongodb应用
定制化的爬虫采集系统
基本使用增删改查操作
高级查询和分组聚合操作
爬虫知识体系与相关工具
Mongodb和Python交互
scrapy-redis分布式组件
空气质量采集爬虫实战项目
六、自动化运维
环境部署
代码发布流程
手工代码发布
脚本代码发布
shell运维快速入门
shell脚本与变量
shell常见命令进阶
shell流程控制
七、数据挖掘
与数据分析
顺序表
栈、链表、队列
分组聚合
排序与索引
Series对象
树与树算法
Pandas绘图
DataFrame对象
DataFrame查询
数据操作、存取与统计
金融数据的分析和处理
数据可视化Matpalotlib
数据规整清理、转换与合并
科学计算NumPy、Pandas
八、人工智能
特征工程
监督学习分类算法
Scikit-learn使用
模型选择与调优
历史数据、实时数据
多因子模型
量化交易策略
回测框架
量化交易平台项目实战

图 1-12　思维导图示例

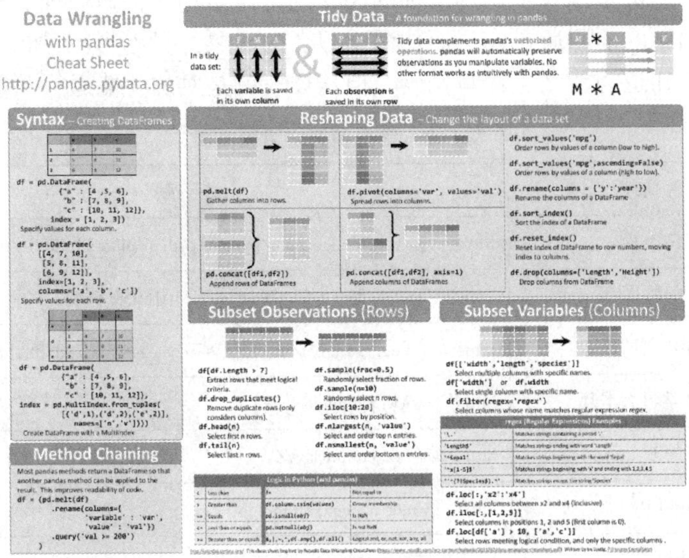

图 1-13　功能速查表示例(Pandas)

图 1-14　功能速查表示例(Python 基础)

1.4.3　学习网站

除了官方网站之外，还有很多学习网站基本上具备学习功能(表 1-2)，当然有条件时还是推荐研读一本专著，因为一本书中除了知识外，还有作者的思想贯穿其中，甚至饱含了作者情怀的。特别是当给别人做解答时，读过专著的人会解释问题的前因后果，从而加深学习者的印象，只参考网站或者说明书的结果是，不知道为什么这样写代码，但这样写就是对的，能运行、能成功。

表 1-2　常用参考学习网站表

名称	链接
菜鸟教程	https：//www. runoob. com/python/python-tutorial. html
廖雪峰 Py 教程	https：//www. liaoxuefeng. com/wiki/1016959663602400
Py 自动化测试博客	https：//blog. csdn. net/u011541946/category_ 6788788. html
Py 中文学习大本营	http：//www. pythondoc. com
刘江的 Django	https：//dwz. cn/udQayyZY
莫烦 Py	https：//morvanzhou. github. io
吴恩达机器学习	https：//dwz. cn/F8Aad3DY
几个 Py 练习题	https：//dwz. cn/ExJnmw0J
CheckiO	https：//py. checkio. org/
2017 李宏毅机器学习	https：//www. bilibili. com/video/av10590361
2017 李宏毅深度学习	https：//www. bilibili. com/video/av9770302
2019 李宏毅机器学习下一步	https：//www. bilibili. com/video/av46971639
吴恩达机器学习视频	https：//www. bilibili. com/video/av50747658
吴恩达深度学习视频	https：//www. bilibili. com/video/av49445369
吴恩达深度学习笔记网页版	http：//www. ai-start. com/dl2017/
斯坦福卷积神经网络视觉识别	http：//cs231n. stanford. edu/index. html https：//cs231n. github. io/https：//karpathy. ai/

注：常用参考学习网络站为笔者本人整理和罗列，不代表版权所有人授权，如遇版权问题，请自行联系解决。

第2章 Python基础

Python 作为一种解释型语言，它强调代码的可读性和简洁性。相比于 C++或 Java，Python 让开发者能够用更少的代码表达想法。不管是小型程序还是大型程序，该语言都试图让程序的结构清晰明了。

学习 Python 要注意版本的问题，并不是随意在网上下载一段代码就能调试通的。比如你安装的是 Python3 的开发环境，而代码是用 Python2。因为 Python2 和 Python3 相比，语法发生了较大变化。比较简单的方法，比如先看 print 语句，Python3 中 print 为一个函数，必须用括号括起来，如 print('Hello, World!')；Python2 中 print 为 class，可以不用括号，如 print 'Hello, World!'

2.1 基础语法

本节对基础操作进行介绍，包括编码、缩进、变量、运算、帮助等。

2.1.1 编码

打开 Spyder 新建文件，默认的第一行会显示"# -*- coding: utf-8 -*-"，这个 coding 指的是编码格式，一般无须改动。在默认情况下，Python3 源码文件以 UTF-8 编码，所有字符串都是 unicode 字符串。

需要注意的是，初学者从网页上复制代码，用普通文本编辑器保存脚本文件(*.py)，保存后无法正常运行，很可能是编码格式的问题。文本编辑器可另存为 UTF-8、Unicode、ANSI 等多种格式文件(图 2-1)。关于文件编码的具体说明请参考官方文件：PEP 263 -- Defining Python Source Code Encodings (https://www.python.org/dev/peps/pep-0263/)。

2.1.2 缩进

Python 使用严格的缩进要求，对于写代码格式不规整的学习者是大有帮助的，同一个代码块的语句必须包含相同的缩进空格数(四个空格或一个 tab 键)。初学者最常见的错误是 indent error，好在新版的 Spyder 也可以像 PyCharm 一样显示和折叠代码块了。

图 2-1　文本编辑器保存界面

```
if Score>=60:
    print ("及格")
else:
    print ("不及格")
```

2.1.3　单行语句写作多行

在编写代码过程中遇到单条语句过长时，不希望用滚动条拖拽显示，有时为了数据对齐方便查看，也可以使用多行语句。注意，加法算式必须加‘\\’，否则会报错。

```
data=[[1,2,3],
      [4,5,6],
      [7,8,9]]
```

```
total='one' + \\
      'two' + \\
      'hree'
```

2.1.4　多行语句写作单行

Python 可以在同一行中使用多条语句，语句之间使用分号(;)分割。

```
a=350;b=320;c=(a**2+b**2)**0.5
```

2.1.5 输出

```
x="Hello Python!"
print( x )  #换行输出
print( x, end=" " ) #不换行输出
print('-------')
print('Hello\nPython')      #反斜杠(\)+n 转义特殊字符
print('-------')
print(r'Hello\nPython')    # r 表示原始字符串,不会发生转义
print('Hello\\nPython')     #双反斜杠(\\)效果等同于 r
print('----格式化输出---')  #表达式嵌入字符串文本中进行格式化
print('该井投产时间{}年,已生产第{}年'.format(2015,2021-2015)) #格式化输出非常有用
print("%04d"%1)    # 1 转化为 0001,文件名保存该格式方便排序


print('-------')
name = "Python";age = 36
Output=f"我的名字是{name},今年{age}岁" #格式化输出
```

2.1.6 变量赋值与交换

除了常规等号赋值，Python 也可实现多个变量一句分配，以及原地交换数据。

#在一行中分配多个变量 a,b,c=1,2,3 print(a,b,c)	#原地交换,不用借助 c 交换 a,b=1,2 a,b=b,a

2.1.7 运算

```
print(1 + 2)  # 加法
print(8 - 2) # 减法
```

```
print(5 * 6 ) # 乘法
print(2 / 4 ) #除法,得到一个浮点数
print(2 // 4) #除法,得到一个整数
print( 19 % 3) # 取余
print( 2 * *6) # 乘方


print('\n----------2.4 逻辑运算符-------------\n')
a = 10;b = 20
if ( a and b ):
  print ("1 -变量 a 和 b 都为 true")
else:
  print ("1 -变量 a 和 b 有一个不为 true")

if ( a or b ):
   print ("2 -变量 a 和 b 都为 true,或其中一个变量为 true")
else:
   print ("2 -变量 a 和 b 都不为 true")

#通常要检查两个以上的条件时,必须使用逻辑运算符,例如 and/or:
if a < b and b < c:
#运算符链式比较:
if a < b < c:
```

2.1.8 help 和 dir

在写代码过程中，有大量的时间花费在函数查找上。Python 本身提供了 help 功能。具体语法如下：help 函数用于查找模块、函数、类、关键字等的帮助文档。只需要在 help 函数中传递一个对象即可检索该对象的帮助文档。

```
import math
Help(math. sqrt)
显示结果:
>>Help on built-in function sqrt in module math:
>>sqrt(x, /)
>>    Return the square root of x.
```

dir()是Python3中一个强大的内置函数，它可返回任何对象(即函数、模块、字符串、列表、字典等)的属性和方法的列表。在没有关于模块的信息时非常有用，有助于更快地学习新模块。dir()通常用于调试，dir()能够列出传递参数的所有属性，在分别处理许多类和函数时非常有用。

```
dir(print)
>>['__call__','__class__','__delattr__','__dir__','__doc__','__eq__','__format__','__ge__','__getattribute__','__gt__','__hash__','__init__','__init_subclass__','__le__','__lt__','__module__','__name__','__ne__','__new__','__qualname__','__reduce__','__reduce_ex__','__repr__','__self__','__setattr__','__sizeof__','__str__','__subclasshook__','__text_signature__']
```

2.2 字符串列表字典

字符串和列表都是有序的，切片和索引有很多相似之处(表2-1和表2-2)。

表2-1 字符串索引表

字符串	a	b	c	d	e	f
从前向后索引	0	1	2	3	4	5
从后向前索引	-6	-5	-4	-3	-2	-1

表2-2 列表索引表

列表元素	'a'	'b'	'c'	'd'	'e'	'f'
从前向后索引	0	1	2	3	4	5
从后向前索引	-6	-5	-4	-3	-2	-1

2.2.1 字符串

字符串的索引可简单概括为“左包含，右不包含”，或者“左闭右开(区间)”。例如str='abcdef'，如果取值str[2:4]，代表$2 \leqslant i < 4$，所以取值序号2、3两个元素，则对应'cd'。

```
str = 'abcdef'
print (str)            #输出字符串
print (str[0:-1])      #输出第1个到倒数第2个字符
print (str[0])         #输出字符串第1个字符
```

```
print (str[2:5])        #输出从第 3 个开始到第 5 个的字符
print (str[2:])         #输出从第 3 个开始的后的所有字符
print (str * 2)         #输出字符串 2 次
```

在字符串中插入特定字符是比较麻烦的，需要先用 list 打散，再用 join 拼接。

```
a ='abc'
b ='123'
str_list = list(a)
str_list. insert(1, b)
a_b = ''. join(str_list)
```

2.2.2 列表

列表与字符串的索引方式相同,也是"左包含,右不包含",例如 list1=['a','b','c','d','e','f'],如果取值 list1[2:4],代表 $2 \leqslant i < 4$,所以取值序号 2、3 两个元素,对应'c'和'd'。

列表的基本操作包括访问、修改、切片、删除、追加等,特别要注意列表的浅拷贝与深拷贝操作,且一定要掌握列表迭代功能,它可以替代大量的 for 循环。

```
print('\n--------访问列表中的值-----------\n')
list1 = [1, 2, 3, 4, 5, 6, 7 ]
print ("list1[0]: ", list1[0])

print('\n----------更新列表-------------\n')
list1 = [1, 2, 3, 4, 5, 6, 7 ]
print ("第 3 个元素为 :",list1[2])
list1[2] = 15
print ("更新后的第 3 个元素为 : ", list1[2])

print('\n----------删除列表-------------\n')
list1 = [1, 2, 3, 4, 5, 6, 7 ]
print ("原始列表 : ", list1)
del list1[2]   #删除第 3 个元素
```

```
print('\n----------列表脚本操作符-------------\n')
print(len([1, 2, 3]))  #长度
print([1, 2, 3] + [4, 5, 6])  #组合
print(['Hi! '] * 3)  #重复次
print(7 in list1)     #元素是否存在于列表中
for x in [1, 2, 3]: print(x, end=" ")  #迭代显示,空格连接

print('\n----------嵌套列表-------------\n')
a = ['a', 'b', 'c']
n = [1, 2, 3]
x = [a, n]

print('\n-------打印出列表中的每个元素,以空格分隔------\n')
list1 = ['a', 'b', 'c']
print ( *list1)

print('\n----------列表追加内容-------------\n')
list1 = ['a', 'b', 'c']
list1.append('d')
print ("更新后的列表 : ", list1)

print('\n----------复制列表-------------\n')
list1 = ['a', 'b', 'c']
list2 = list1.copy()
print ("list2 列表: ", list2)
```

注意：以上列表基本操作最容易出现错误的是列表的复制(copy)，如果使用 list2=list1 的写法，相当于给 list1 取了一个别名叫 list2，二者共用一个内存地址(可通过 id 查看)，修改 list2 的内容，list1 也跟着改变；而 list2 = list1. copy()的写法是开辟一块独立的内存地址供 list2 使用，list1 和 list2 为两个独立变量。

print('\n----等号拷贝(取别名)----\n') list1 = ['a', 'b', 'c'] list2 = list1 list2.append('d') print ('list1=',list1,id(list1)) print ('list2=',list2,id(list2)) >>list1= ['a', 'b', 'c', 'd'] 156723720 >>list2= ['a', 'b', 'c', 'd'] 156723720	print('\n-------浅拷贝-------\n') list1 = ['a', 'b', 'c'] list2 = list1.copy( ) list2.append('d') print ('list1=',list1) print ('list2=',list2) >>list1= ['a', 'b', 'c'] 153641416 >>list2= ['a', 'b', 'c', 'd'] 156406152

当遇到多层嵌套列表时，copy 命令不能把两个变量有效区分，需要用到深拷贝命令 deepcopy，以保证列表的完全独立。

print('\n-----嵌套列表浅拷贝----\n') list1 = ['a', ['b', 'c'],'d'] list2 = list1.copy() list2[1][0] = 'm' print ('list1=',list1) print ('list2=',list2) >> list1= ['a', ['m', 'c'], 'd'] >> list2= ['a', ['m', 'c'], 'd']	print('\n-------嵌套列表深拷贝-------\n') import copy list1 = ['a', ['b', 'c'],'d'] list2 = copy.deepcopy(list1) list2[1][0] = 'm' print ('list1=',list1) print ('list2=',list2) >> list1= ['a', ['b', 'c'], 'd'] >> list2= ['a', ['m', 'c'], 'd']

列表迭代是一个非常好用的功能，它可以省去大量 for 循环，使得代码更加简洁易读。其格式如下：

```
new_list = [expression for item in iterable (if conditional)]
  #创建 0-9 的平方数列
Square=[x * x for x in range(10)]
```

应用场景 1：井号的转写问题。例如初始输入的是井号简称列表 JH，希望变为全写格式 JH1，或者替换其中的字母，或者替换为中文格式 JH2，以满足数据库不同位置的检索需求。

应用场景2：排列组合问题。当需要排列组合生成方案时，也可以使用列表迭代功能，例如设计一个考虑3水平3因素的实验，一共生成27组方案，代码如下。

```
print('\n-----简写井号-------\n')
JH=['X1-2','X9-11','X23-8']
print(*JH)

print('\n-----井号全称--------\n')
JH1=['DX'+x for x in JH]
print(*JH1)
print('\n-----井号X替换为Y--------\n')
JH2=[x.replace('X','辛') for x in JII]
print(*JH2)

print('\n-----单位制转化--------\n')
fw=[80,90,100]
fw=[x/100 for x infw]
>>fw=[0.8,0.9,1.0]
```

```
print('\n-----选择性替换--------\n')
a=[1,2,3,4,5,6,7]
b=[x*x for x in a]
c=[x*(-1) for x in a if x>3]
print(b)
print(c)

print('\n-----排列组合生成方案-------\n')
PORO=[0.28,0.32,0.34]   #孔隙度
K=[200,300,400]          #渗透率 mD
h=[1.5,2.5,3.5]          #油藏厚度 m
Plan=[[x,y,z] for x in PORO for y in K for z in h]
print(*Plan)
```

2.2.3 字典

字典最简单的理解就是给列表加了表头，可以用表头名称索引，也可以用数字序号索引(图2-2)。

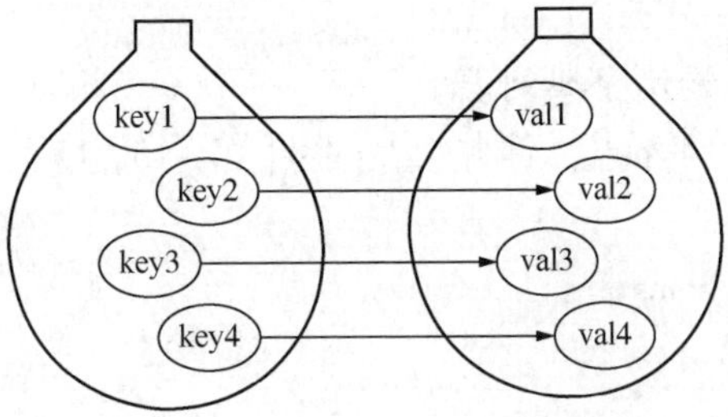

图2-2 字典保存的关联数据

```
dict = {}   #创建空字典
dict['JH'] = "A11"      #井号
dict['Type'] ="油井"  #油水井类型
dict['qo'] =[10,15,13]  #日产油量
dict['fw'] =[0.85,0.87,0.92]  #含水
print (dict['JH'])          #输出键为'JH' 的值
print (dict)               #输出完整的字典
print (dict.keys())    #输出所有键
print (dict.values()) #输出所有值

#dict.keys()返回的数据类型是 dict_keys 类型,使用不方便
#可通过 list 函数转化为列表
listkeys=list(dict.keys())

print('\n----------修改字典-------------\n')
dict['JH'] = 'A11-9'             #修改井号
dict['qg'] = [35,40,32]          #添加日产气
print ("dict['JH']:", dict['JH'])
print ("dict['qg']:", dict['qg'])

print('\n---------删除字典元素-------------\n')
dict ={'JH':'A11','Type':'油井','qo':[10, 15, 13],'fw':[0.85, 0.87, 0.92]}
del dict['fw'] #删除键'fw'
dict.clear()       #清空字典
del dict           #删除字典

print('\n---------遍历字典列表-------------\n')
dict ={'JH':'A11','Type':'油井','qo':[10, 15, 13],'fw':[0.85, 0.87, 0.92]}
for key,values in dict.items():
    print(key,values)

print('\n---------根据 value 求 key-------------\n')
```

```
#没有现成函数,需要自己写一个
def get_keys(d, value):
    return [k for k,v in d.items() if v == value]
print(get_keys(dict, 'A11')) #从列表里查找 A11 对应的键

#给定 key 名称创建字典#
d=dict.fromkeys(['JH','NY','Pp','Pt','Pc','Iw'])
>>{'Iw': None, 'JH': None, 'NY': None, 'Pc': None, 'Pp': None, 'Pt':
None}
#字典筛选 list#
a=['Q-8','Q-3','Q-6','Q-8','Q-3','Q-9']
d = {k:a.count(k) for k in set(a)}
>>d
>>{'Q-3': 2, 'Q-6': 1, 'Q-8': 2, 'Q-9': 1}        注意:元组+序列格式([])
>>d.keys()
>>dict_keys(['Q-6', 'Q-9', 'Q-8', 'Q-3'])

>>d.values()
>>dict_values([1, 1, 2, 2])

#字典按 key 排序->list#
list= sorted(dic_welname.keys()) #按 keys 排序
list= sorted(dic_welname.items()) #按 value 排序
```

2.3 条件及循环

很多人受其他计算机语言的影响，喜欢写 i 循环，其实 Python 还有更加简洁高效的写法。enumerate 就是个很好用的函数，既有索引，又有元素内容。

```
print('\n----------条件语句-------------\n')
fw = int(input("请输入含水率(%)="))/100
if 0<fw<0.02:
    print("无水采油期")
elif 0.02<fw<=0.2:
```

```
    print("低含水采油期")
elif 0.2<fw <=0.6:
    print("中含水采油期")
elif 0.6<fw <=0.9:
    print("中含水采油期")
elif 0.9<fw <=1.0:
    print("属于特高含水阶段")
else:
print("fw 输入有误,重新输入")
print('\n-----------while 循环 -------------\n')
n = 100
sum = 0
counter = 1
while counter <= n:
    sum = sum + counter
    counter += 1
print("1 到 %d 之和为: %d" % (n,sum))

print('\n----------for 循环 -------------\n')
fws = [0.2, 0.9,0.03,0.8]
for fw in fws:
    if 0<fw<0.02:
        print("无水采油期")
    elif 0.02<fw<=0.2:
        print("低含水采油期")
    elif 0.2<fw <=0.6:
        print("中含水采油期")
    elif 0.6<fw <=0.9:
        print("中含水采油期")
    elif 0.9<fw <=1.0:
        print("属于特高含水阶段")
print("完成循环!")

print('\n---------while 中使用 break: -------------\n')
```

```
n = 5
while n > 0:
    n -= 1
    if n == 2:
        break
    print(n)
print('循环结束。')

print('\n---------循环取序号 取值 -------------\n')
seq = ['one', 'two', 'three']
for i, element in enumerate(seq):
    print (i, element)
```

2.4 内置函数

Python 中有许多内置函数，但它们却功能异常强大，若使用好，则可以大幅提高代码编写效率。

2.4.1 删除重复 set( )

当需要对一个列表进行去重操作时，使用 set( )函数。set([iterable])用于创建一个集合，集合里的元素是无序且不重复的。集合对象创建后，还能使用并集、交集、差集功能。

```
print('\n--------交集、并集、补集-----------\n')
obj = ['a','b','c','b','a']
print(set(obj))   #>>{'b', 'c', 'a'}
A = set('hello')
B = set('world')
A.union(B) #并集,输出:{'d', 'e', 'h', 'l', 'o', 'r', 'w'}
A.intersection(B) #交集,输出:{'l', 'o'}
B.difference(A) # 差集,输出:{'d', 'r', 'w'}
```

2.4.2 排序 sorted( )

在处理数据中常会用到排序操作，比如将列表、字典、元组里面的元素正/倒排序。sorted( ) 可以对任何可迭代对象进行排序，并返回列表。

```
#对列表升序操作:
a = sorted([2,4,3,7,1,9])
print(a)
>> [1, 2, 3, 4, 7, 9]
#对元组倒序操作:
sorted((4,1,9,6),reverse=True)
print(a)
>> [9, 6, 4, 1]
#使用参数:key,根据自定义规则,按字符串长度来排序:
chars = ['apple','watermelon','pear','banana']
a = sorted(chars,key=lambda x:len(x))
print(a)
>>['pear', 'apple', 'banana', 'watermelon']
#根据自定义规则,对元组构成的列表进行排序:
tuple_list = [('A', 1,5), ('B', 3,2), ('C', 2,6)]
# key=lambda x: x[1]中可以任意选定 x 中可选的位置进行排序
a = sorted(tuple_list, key=lambda x: x[1])
print(a)
>>[('A', 1, 5), ('C', 2, 6), ('B', 3, 2)]

#如果需要对序列的元素进行反转操作,使用 reversed( )函数,reversed( )接受一个序列,将序列里的元素反转,并最终返回迭代器。
a = reversed('abcde')
print(list(a))
>>['e', 'd', 'c', 'b', 'a']
```

2.4.3 映射 map( )

在进行文本处理时，要对序列里的每个单词进行大写转化操作，需要用 map( )函数。

```
#大小写转写
chars = ['aa','bb','cc','dd']
a = map(lambda x:x.upper(),chars)
print(list(a))
>>['AA', 'BB', 'CC', 'DD']
#平方操作
nums = [1,2,3,4]
a = map(lambda x:x * x,nums)
print(list(a))
>>[1, 4, 9, 16]
```

2.4.4 表达式 eval( )

功能：将字符串 str 当成有效的表达式来求值并返回计算结果。

语法：eval(source[, globals[, locals]]) -> value。

参数：source：一个 Python 表达式或函数 compile( )返回的代码对象；globals：可选，必须是 dictionary；locals：可选，任意映射对象。

```
s='print("a+b")'
eval(s)
>>a+b
a=10
b=2
f=eval("a+b")
print(f)
>>30
```

2.4.5 元素操作 reduce( )

列表里的元素依次两两相乘可用 reduce( )函数来完成，reduce( )会对参数序列中元素进行累积。reduce( )函数在 Python3 里已经不再是内置函数，而是迁移到了 functools 模块中。

```
#Reduce 数字相乘
from functools import reduce
nums = [1,2,3,4]
a = reduce(lambda x,y:x * y,nums)
print(a)
#Reduce 字符串相连
chars = ['a','p','p','l','e']
a = reduce(lambda x,y:x+y,chars)
print(a)
>>apple
```

2.4.6 筛选 filter( )

将列表中的偶数去掉，或者去除包含特殊字母的元素，filter 用于过滤序列，过滤掉不符合条件的元素，返回一个迭代器对象。

```
#去除偶数
nums = [1,2,3,4,5,6]
a = filter(lambda x:x%2! =0,nums)
print(list(a))
>> [1,3,5]
#找出特殊字母的元素
chars = ['aa','ba','cb','dc']
a = filter(lambda x:'a' in x,chars)
print(list(a))
>> ['aa', 'ba']
```

2.4.7 遍历 enumerate( )

通常在遍历列表时，不仅要访问列表中所有的索引，还要访问实际元素。enumerate 翻译过来是枚举、列举的意思。所以说，enumerate( )函数用于对序列里的元素进行顺序标注，返回(元素、索引)组成的迭代器。

```
chars = ['aa','ba','ca']
for i in range(len(chars)):
    print(i,chars[i])
for i,v in enumerate(chars):   #i 代表 index,v 代表 value
    print(i,v)
a = enumerate('abcd')
print(list(a))
>>[(0, 'a'), (1, 'b'), (2, 'c'), (3, 'd')]
```

2.4.8 匿名函数 lambda

lambda 又称匿名函数，其形式灵活、使用便捷，功能异常强大，而且从 lambda 的使用熟练程度上可以衡量出学习者的水平。

```
#常规函数这样写
def g(x):
  return x+1
g(2)

>>>3
#匿名函数只需要这样写
g = lambda x:x+1
#求取能被 3 整除的数
List1= [2, 18, 9, 22, 17, 24, 8, 12, 27]
print(list(filter(lambda x: x % 3 == 0, List1)))
>> [18, 9, 24, 12, 27]
#构造新列表
print(list(map(lambda x: x * 2 + 10, List1)))
>>[14, 46, 28, 54, 44, 58, 26, 34, 64]
print(list(reduce(lambda x, y: x + y, foo)))
>>139
#参考链接:
#https://docs.python.org/3/reference/expressions.html#lambda
#https://www.jianshu.com/p/017cc2c57f80
```

2.5 自定义函数

2.5.1 自定义函数

重复使用的代码段通常打包放入函数，通过函数名和参数实现调用，Python 构建函数定义的格式如下：

```
def 函数名(参数列表):
    函数体
```

以 def 关键词开头，后接函数标识符名称和圆括号( )，传入参数和自变量放在圆括号中间，圆括号之间可以用于定义参数。

```
print('\n----------计算储量------------\n')
def OOIP(A,h, PORO,Sw):
      "传入不可变参数"
      return A * h * PORO * Sw

print("A =2", " h =3", "PORO=0.3","Sw=0.5"," area =", OOIP(2, 3,
0.3,0.5))
print('\n----------传入列表-----------\n')
def changelist(oldlist):
    "传入可变参数"
    oldlist.append([1,2,3,4])


#调用函数
List2 = [10,20,30]
changelist(List2 )
print ( *List2)

#可写函数说明
print('\n----------默认参数------------\n')
def PrintInfo( WellName, Type = 'Production' ):          #默认生产井
    "打印任何传入的字符串"
    print ("井号:", WellName)
    print ("类型:", Type)
```

```
#调用 PrintInfo 函数
PrintInfo(WellName="A2" ,Type =" Injection ")
PrintInfo(WellName="A2")
```

2.5.2 跨脚本调用

程序设计时，不可能只有一个脚本文件，可以在一个文件中调用另外一个文件的函数、数据，这样单个文件的代码更简洁。Python 中通过 import 导入。例如，有 aa.py 和 bb.py 两个文件，当需要在 bb.py 文件中应用 aa.py 中的 add( ) 函数时，通过以下方式实现。

```
#aa.py 文件
def add(x,y):
    print('和为:%d'%(x+y))

#bb.py 文件
import aa
aa.add(1,2)

#或者第二种写法
from aa import add
add(1,2)
```

2.6 文本读写

Python 操作 txt 文件是编写者经常需要的功能，数据的读入、结果的保存和中间步骤的处理结果，都需要文本文件的读写。操作文件的步骤包括：获取被打开的文件的内存对象，该内存对象又叫作文件句柄，通过这个内存对象(文件句柄)，来对文件进行操作(读取、写入等操作)，关闭文件。

```
f = open(r"G:\\DataSet\\A1.txt","r",encoding="utf-8")
data  = f.read()
print(data[:120])
f.close()
```

采用 read( )方法读取文件时，句柄会从文件的开头位置 1，移动到文件的结束位置 2。如果不做任何操作，读取后，句柄停止在 2 的位置。当再次读取时，该句柄从位置 2 往后读取。

当学习者读取某个文件，向文件中写入某些内容(覆盖写)，以及向文件中追加写入某些内容时，需要分别使用 r、w、a 这三种模式(表 2-3)。对于这三种模式，要么读，要么写，读模式不能写，写模式不能读。对于 r+、w+、a+这三种模式，如果学习者不是特别清楚 Python 文件读、写的原理，就不要轻易使用，因为会出现很多问题。

表 2-3　不同读写模式

模 式	可做操作	若文件不存在	是否覆盖
r	只能读	报错	—
r+	可读可写	报错	是
w	只能写	创建	是
w+	可读可写	创建	是
a	只能写	创建	否，追加写
a+	可读可写	创建	否，追加写

read、readline、readlines 的区别见表 2-4。

表 2-4　三种读取方式对比表

读取方式	对比		
read	一次性读取所有内容	不读取文章末尾的换行符	返回的是一整个内容的字符串
readline	一行一行地读取文件中的内容	会读取文中末尾的换行符	返回的每一行也是一个字符串
readlines	一次性读取所有内容	会读取文中末尾的换行符	返回一整个内容列表

```
# read( )方法的使用说明
f = open(r" G:\DataSet\A1. txt ","r",encoding="utf-8")
data = f. read( )
print(type(data))
print(data)
f. close( )
```

```
#readline( )方法的使用说明
f = open(r" G:\DataSet\A1. txt ","r",encoding="utf-8")
data = f. readline( )
print(type(data))
print(data)
f. close( )

#readlines( )方法的使用说明
f = open(r" G:\DataSet\A1. txt ","r",encoding="utf-8")
data = f. readlines( )
print(type(data))
print(data)
f. close( )
```

读取文件相当于把写在硬盘上的东西读取到内存中。不管是使用 read( )或者 readlines( )一次性读取到内存中，还是使用 readline( )一行行地将整个内容读取到内存中，如果文件很大，都将会耗用很大的内存。同时，从硬盘读取文件内容到内存中，也会很慢，可以使用以下循环方式。

```
f = open(r" G:\DataSet\A1. txt","r",encoding="utf-8")
for line in f:
    print(line. strip( ))
```

f 相当于一个迭代器，使用 for 循环迭代 f 中的元素。每循环一次，相当于读取一行到内存中，并记住这一次读取到的位置。当进行下次迭代时，上一次读取到内存中的内容，就会被销毁，当前内存中读取的就是第二行的内容。迭代器有一个特性：每次进行迭代时，就会记住当前读取的位置。当进行下一次迭代时，前面的内容就会被销毁，因而在内存中只保留当前循环得到的内容。

```
# Python 操作数值模拟文件 *. INC
f = open("test1_sch. inc", "r") #打开一个文件
data = f. readlines( )
f. close( )#关闭文件


qo=list(range(200,300,25))
for i,yy in enumerate(qo):
    data2=[ ]
```

```
for x in data:
    if "--" not in x and len(x)>4:  #判断空行或注释行
        data2.append(x)

data2[10]=data2[10].replace('***',str(yy))
logstr=""
for x in data2:
    logstr=logstr+x+"\n"

f = open("new"+str(i)+".INC", "w") #打开一个文件
num = f.write(logstr)
#关闭打开的文件
f.close()
```

2.7 综合练习[1]

通过综合练习，可以快速提高对代码的理解能力。以下设计了一个文件读取、数据操作的综合练习。

2.7.1 问题描述

读取油水井月度生产数据(井号.txt)，根据数据格式判断井别，检查缺失数据，新增统计数据项，并将处理结果保存在新的txt文件中。

油井数据格式：以逗号(,)作分隔符，列名分别为：年月NY(202002)，生产天数SCTS(天)，动液面DYM(米)，月产油量YCYL(吨)，月产水量YCSL(方)，月产气量YCQL(万方)。

水井格式：以逗号(,)作分隔符，列名称为DBA04数据字段，年月NY(202002)，生产天数SCTS(天)，干线压力GXYL(MPa)，油压YY(MPa)，套压TY(MPa)，月注水量YZSL(方)。

2.7.2 练习步骤

在练习1文件夹下，建立脚本程序，按步骤实现以下功能：

[1] 为方便使用，本书未将物理量表示为斜体，单位也未统一为符号表示。

（1）获取 /tmp 文件夹下的所有文件，筛选出 txt 文件名；提示自己查阅 OS 文件及目录操作。

（2）打开每一个文件，读取一行，判断是油井、水井。

（3）统计每口井记录数，即注入多少月，采出多少月，输出到屏幕。

（4）打开油井文件，数据合并，前加字段 JH，保存文件名。

（5）NY 字段格式 202002，补齐日期格式 2020-2-10，默认 1 号。

（6）油井添加新列：日产油（Qo），日产液（Ql），日产气（Qg），小数点后两位；含水率（fw），百分制，1 位小数。

（7）油井添加新列：累计产油量（Np），累计产水量（Nw），累计产液量（Nl），保存数据至新文件“井号+_ edit. txt”中，文件头加入修改信息：“—Edit by ：Name，Date：2020-03-15 18：35”。

（8）水井添加新列：日注水（Iw），累注水（Ni）。

（9）绘制曲线：（Qo & Date）（fw & Date）。

```
# -*- coding: utf-8 -*-
"""
EX1.py   @author: Byh
"""
import os
path = os.getcwd()+\\tmp\\   # 输出所有文件和文件夹

#获取当前 path 下的所有文件名+文件夹名
files = os.listdir( path )

#统计文件信息
InfoList=[]

#注释快捷键, Ctrl+1
#x 循环方法一,枚举内容
#for x in files:
#     print(x)
#
for i in range(len(files)):
InfoList.append([files[i].split('.')[0],files[i]])
```

```
#判断井别(生产井PRO、注入井INJ)
for x in InfoList:
    file=x[1]
    #fo = open(path+x[1], "r+")    #打开文件
    fo = open(path+file, "r+")    #打开文件
    tmp=fo.readline().strip('\\n') #读入第一行
    fo.close()#关闭文件

    if 'YZSL' in tmp:
        x.append('INJ')
    else:
        x.append('PRO')

#保存动态数据
for x in InfoList:
    file=x[1]
    data=[]

    with open(path+file,'r') as f:
for y in f:
data.append(list(y.strip('\\n').split(',')))
    x.append(data)


#统计新数据
for y in InfoList:
    if y[2]=='PRO' :
        data=y[3]
        #平均日产油、产水 qo,qw
        for x in data[1:]:
            days=float(x[1])
```

```
            qo_mon=float(x[3])
            qw_mon=float(x[4])
            qo_day=round(qo_mon/days,2)
            ql_day=round((qo_mon+qw_mon)/days,2)
            fw=round(qw_mon/(qo_mon+qw_mon)*100,1)
            x.append(qo_day)
            x.append(ql_day)
            x.append(fw)

        ColName=['qo','ql','fw']
        for x in ColName:
            data[0].append(x)

        for x in data[1:]:
            year=x[0][0:4]
            mon=x[0][4:]
            x[0]=year+"-"+mon+"-01" #日期补全

#合并新 list
PRO=[] #所有油井生产数据合并在 PRO
INJ=[]
for y in InfoList:
    if (y[2]=='PRO'):
        Pro_data=y[3]
        for x in Pro_data[1:]:
            JH=y[1].split('.')
            PRO.append([JH[0]]+x)
for x in JH:
    print(x+":"+ str(data.count(x)))
'''----------绘图-------------'''
import matplotlib.pyplot as plt
import datetime #转变时间类型
```

```
import matplotlib. dates as mdates #调坐标轴为时间格式

'''----------绘制含水-----------'''
date= [x[1]  for x in PRO if x[0]=='DXX48X38']      #取出一列元素
fw=[x[9] for x in PRO if x[0]=='DXX48X38']

date= [datetime. datetime. strptime(x,'%Y-%m-%d') for x in date]
#取出一列元素

fig = plt. figure( ) #设置图画
ax = fig. add_subplot(1,1,1) #matplotlib 设置图的布局

#指定 X 轴的以日期格式(带小时)显示
ax. xaxis. set_major_formatter(mdates. DateFormatter('%y.%m'))  #%Y%
m 2015.12
#X 轴的间隔为小时
ax. xaxis. set_major_locator(mdates. MonthLocator(interval=6)) #设置时间标签显
示格式
#重点在这
plt. plot(date, fw)
ax. set_xlabel("Date")

ax. set_ylabel("fw(%)")
plt. gcf( ). autofmt_xdate( )
plt. xticks(rotation=90)
plt. show( )
'''----------绘制日产油--------------'''
qo=[x[7] for x in PRO if x[0]=='DXX48X38']

fig = plt. figure( )
ax = fig. add_subplot(1,1,1)
```

```
#指定 X 轴的以日期格式显示
ax. xaxis. set _ major _ formatter ( mdates. DateFormatter ( '% y. % m ' ) ) #% Y%
m 2015. 12
#X 轴的间隔为小时
ax. xaxis. set_major_locator( mdates. MonthLocator( interval=6) )
plt. plot( date, qo,'r-' )
ax. set_xlabel( " Date" )

ax. set_ylabel( " qo( m3/d) " )
plt. gcf( ). autofmt_xdate( )
plt. xticks( rotation=0)
plt. show( )
```

第3章 数值计算分析

Python 的强大之处在于工具包，当学习者有想法时，不要着急去写代码，很可能早有开源爱好者已经写好了工具包，学习者可查找使用。这样既节省了开发时间，而且运算效率可能现写的代码快几十倍。本章主要介绍 NumPy、Pandas 、SciPy、SymPy 模块的功能。

3.1 数组计算 NumPy

NumPy 是一个高性能向量、矩阵和高维数据结构的科学计算库，它通过 C 和 Fortran 实现。NumPy 是所有行数值计算的基础，在机器学习中，大名鼎鼎的 TensorFlow 和 PyTorch 都是站在它的肩上的。

3.1.1 数组创建

1. 多维数组与轴线

NumPy 运算对象是多维数组，即由同一类型元素(一般是数字)组成的表格，且所有元素通过正整数元组进行索引。维度 (dimension) 也被称之为轴线(axes)。列表 [1, 2, 1] 有一个轴线。这个轴上有 3 个点，所以我们说它的长度(length)为 3。而如下数组(array)有 2 个轴线，长度同样为 3。NumPy 的数组类(array class)叫作 ndarray，同时我们也常称其为数组(array)。

```
import numpy as np
a = np. array([[1,2,3],[4,5,6]]) #从列表创建数组
a. shape  #(2, 3)显示形状,2 行 3 列
a. size     #数组中所有元素的总量,相当于行×列
a. dtype    #查看类型 dtype( int64 )


b = np. array([1. 2, 3. 5, 5. 1])
b. dtype      # 查看数据类型 dtype( float64 )
```

2. 创建数组

```
np. array([(1,2,3), (4,5,6)]) #创建二维数组
np. array( [[1,2], [3,4]], dtype=complex ) #创建负数数组
np. zeros( (3,4) ) #内部元素全是 0 的数组

#创建整型数组,2 层 3 行 4 列,注意这个顺序经常被数错为 2 行 3 列 4 层
np. ones( (2,3,4), dtype=np. int16 )
np. empty( (2,3) ) #随机初始化
np. arange( 10, 30, 5 ) #等差数列 array([10, 15, 20, 25])
np. arange( 0, 2, 0. 3 ) # array([ 0. ,  0. 3,  0. 6,  0. 9,  1. 2,  1. 5,
1. 8])

#线性插值
from numpy import pi
np. linspace( 0, 2, 9 ) # 0 到 2,线性插值 9 个数(8 个间隔),常出错
np. linspace( 0, 2 * pi, 100 ) #0 到 2π,线性插值 99 个间隔
```

3. 数组输出

一维数组输出为一行、二维为矩阵、三维为矩阵列表。

```
#一维数组
a = np. arange(6)
print(a)
>>[0 1 2 3 4 5]
#二维数组
b = np. arange(12). reshape(4,3)
print(b)
>> [[ 0  1  2]
    [ 3  4  5]
    [ 6  7  8]
    [ 9 10 11]]
```

```
#三维数组
c = np. arange(24). reshape(2,3,4)
print(c)
>>[[[ 0  1  2  3]
    [ 4  5  6  7]
    [ 8  9 10 11]
    [[12  13  14  15]
    [16  17  18  19]
    [20  21  22  23]]]
```

reshape 函数可指定数组的行列数，并将所有元素按指定的维度数排列。

```
print( np. arange( 10000) )            #输出 1 万个数
print( np. arange( 10000). reshape( 100,100) ) #1 万个数,100 行 100 列排列
np. set_printoptions( threshold=np. nan) # NumPy 输出整个数组,中间不隐藏
```

3.1.2 数组运算

数组中的算术运算会产生一个新的数组，减法、加法、平方、对应元素乘积和逻辑运算都是元素级的操作。

```
import numpy as np
a = np. array( [7,8,9,10] )
b = np. arange( 4 )
c = a-b   #元素相减[7,7,7,7]
b * *2      #array([0, 1, 4, 9])
10 * np. sin( a)
a<35   #判断每个元素是否满足不等式
```

不同于许多科学计算语言，乘法算子 * 或 multiple 函数在 NumPy 数组中用于元素乘法运算，矩阵乘法可用 dot 函数执行。

```
a = np. array( [[1,2], [3,4]] )
b = np. array( [[5,6], [7,8]] )
a * b   #元素相乘
a. dot( b) #矩阵相乘
np. dot( a, B)   #矩阵相乘另一种写法
a. sum( )   #求和
a. min( )   #求最小值
a. max( )   #求最大值
b. sum( axis=0)   #沿着某一个轴求和
b. min( axis=1)   #沿着某一个轴求最小值
b. cumsum( axis=1) #沿着某一个轴求累积和
```

3.1.3 索引拆分

数组可以像列表一样被索引、截取和迭代。

```
a = np.arange(10) * *3    #立方数数组
a   #array([ 0, 1, 8,27, 64, 125, 216, 343, 512, 729])
a[2]   #8
a[2:5] # array([ 8, 27, 64])

#定义函数
def f(x,y):
    return 10 * x+y
b = np.fromfunction(f,(5,4),dtype=int)
b[0:5, 1] #第 0-4 行,第 2 列
b[2,3]   #第 3 行,第 4 列
b[ : ,1]   #第 2 列所有元素
b[1:3, : ] #第 2 到 3 行所有元素
```

NumPy 提供更多的索引方式，除了之前看到的用整数和截取的索引，数组可以由整数数组和布尔数组 indexed。通过数组索引，如下我们可以根据数组 i 和 j 索引数组 a 中间的元素，其中输出数组保持索引的 shape。

```
a = np.arange(10) * *2    #0-9 的平方数
j = np.array( [ [ 1, 2], [ 3, 4] ] )
a[j]   #获取一个形状同 j 的矩阵,[[a[1],a[2]],[a[3],a[4]]]
```

当使用多维数组作为索引时，每一个维度就会索引一次原数组，并按索引的 shape 排列。

```
a=np.array([[0,1,2],[3,4,5],[6,7,8]])
b=np.array([0,1,1,2,0])
c=a[b]
```

使用多维索引获取数组中的元素，多维索引的每个维度都必须有相同的形状。如下多维数组 i 和 j 可以分别作为索引 a 中第一个维度和第二个维度的参数，例如 a[i, j] 分别从 i 和 j 中抽取一个元素作为索引 a 中元素的参数。

```
a = np.arange(12).reshape(3,4)
i = np.array( [ [0,1], [1,2] ] ) #第一维的索引
j = np.array( [ [2,1],[3,3] ] ) #第二维的索引
a[i,j]
a[i,2]
a[:,j]
```

另一个将数组作为索引的常用方法是搜索时间序列，代码如下。

```
time = np.linspace(20, 145, 5)
data = np.sin(np.arange(20)).reshape(5,4)
ind = data.argmax(axis=0) #沿着0轴搜索最大值
time_max = time[ind]
data_max = data[ind, range(data.shape[1])]
time_max
data_max
np.all(data_max == data.max(axis=0))

a = np.arange(5)
a[[1,3,4]] = 0
a[[0,0,2]]=[1,2,3]
a[[0,0,2]]+=1
```

布尔数组索引，就是用 True\\False 做索引。这个功能非常好用，例如在机器学习中 ReLu 激活函数中，只有大于 0 才输出激活值。

```
a = np.arange(12).reshape(3,4)
b = a > 4
a[b]
```

第二种使用布尔索引的方法与整数索引更加相似；在数组的每个维度中，我们使用一维布尔数组选择我们想要的截取部分。

```
a = np.arange(12).reshape(3,4)
b1 = np.array([False,True,True])  #第一维度
b2 = np.array([True,False,True,False]) #第二维度
a[b1,:]
a[b1]
a[:,b2]
a[b1,b2]
```

改变数组形状的方法：reshape( )、ravel( )、flatten( )。其中，flatten( )返回一份新的数组，且对它所做的修改不会影响原始数组，ravel( )返回的是 view，会影响原始矩阵，reshape( )返回修改过维度的新数组，而 resize 方法将直接修改原数组本身的维度。如果在 shape 变换中一个维度设为-1，那么这一个维度包含的元素数将会被自动计算。

```
a = np.floor(10 * np.random.random((3,4)))
a.shape #(3, 4) 3 行 4 列
a.ravel( )   #方法 1,数组拉平变为 1 维
a.reshape(6,2) #指定变形形状
a.T   #转置形状,行列互换
a.resize((2,6)) #直接修改原数组维度
a.reshape(3,-1) #-1 代表自动计算维度
```

数组可以在不同轴上被堆叠在一起。vstack 将在第二个维度(垂直)将两个数组拼接在一起，而 hstack 将在第一个维度(水平)将数组拼接在一起。拆分数组，使用 hsplit 可以顺着水平轴拆分一个数组。

```
a=np.array([['a','b'],['c','d']])
b=np.array([['1','2'],['3','4']])
c=np.vstack((a,b))
>> [['a' 'b']
    ['c' 'd']
    ['1' '2']
    ['3' '4']]
d=np.hstack((a,b))
>> [['a' 'b' '1' '2']
```

```
    ['c' 'd' '3' '4']]
#数组拆分
a = np.floor(10 * np.random.random((2,12)))
np.hsplit(a,3) #水平方向拆分成3个数组,即按列分成3份
np.hsplit(a,(3,4)) #水平方向,在第3和第4列切开,分成3个数组
```

3.1.4 复制广播

在进行数组运算或操作时，初学者经常很难判断数据到底是复制到了新的数组，还是直接在原始数据上修改。常用三种复制方法：不复制内存、浅复制及深复制。

```
a = np.arange(6)
b = a
b is a   #判断是否同一个对象,True
b.shape = 2,3
a.shape   #(2, 3)
```

view 方法可以创建一个新数组对象来查看相同数据。如下 c 和 a 的目标识别符并不一致，且改变其中一个变量的 shape 并不会对应改变另一个。但这两个数组是共享所有元素的，所以改变一个数组的某个元素同样会改变另一个数组的对应元素。

```
c = a.view( )
c is a   #False
c.base is a   #True
c.shape = 3,2
a.shape #形状依然为2,不改变3
```

copy 方法可完整地复制数组及数据，这种赋值方法会令两个变量有不一样的数组目标，且数据不共享。

```
d = a.copy()    #创造一个完全不同的变量
d is a   # False
d.base is a   # False
```

广播操作是 NumPy 非常重要的一个特点，它允许 NumPy 扩展矩阵间的运算。将一个维度为［3，2］的矩阵与另一个维度为［3，1］的矩阵相加是合法的，NumPy 会自动将第二个矩阵扩展到等同的维度。

```
a = np.array([1.0,2.0,3.0,4.0, 5.0, 6.0]).reshape(3,2)
b = np.array([3.0])
a * b  #运行下自己看看结果
```

3.1.5 线性代数

简单的数组运算，包括矩阵的转置、求逆、单位矩阵、矩阵乘法、矩阵的迹、解线性方程和求特征向量等基本运算。

```
import numpy as np
a = np.array([[1.0, 2.0], [3.0, 4.0]])
a.transpose( ) #求转置
np.linalg.inv(a)  #求逆矩阵

i = np.eye(2)  #构造单位矩阵,主对角是1,其他为0
j = np.array([[0.0, -1.0], [1.0, 0.0]])
np.dot (j, j)  #矩阵相乘
np.trace(u)   #矩阵的迹,主对角线上各个元素的总和

y = np.array([[5.], [7.]]) #求解线性方程组
np.linalg.solve(a, y)

np.linalg.eig(j)  #求特征值
```

3.1.6 功能函数

allclose( )用于匹配两个数组，并得到布尔值表示的输出。如果在一个公差范围内两个数组不等同，则 allclose( ) 返回 False。该函数对于检查两个数组是否相似非常有用。

```
array1 = np.array([0.12,0.17,0.24,0.29])
array2 = np.array([0.13,0.19,0.26,0.31])
```

```
np.allclose(array1,array2,0.1)   #公差 0.1,False
np.allclose(array1,array2,0.2)   #公差 0.2,True
```

clip( )使得一个数组中的数值保持在一个区间内，保证数值在上下限范围内。给定一个区间，则区间外的数值被剪切至区间上下限。

```
x = np.array([3, 17, 14, 23, 2, 2, 6, 8, 1, 2, 16, 0])
np.clip(x,2,5)   # array([3, 5, 5, 5, 2, 2, 5, 5, 2, 2, 5, 2])
```

extract( )是在特定条件下从一个数组中提取特定元素。借助于 extract( )，我们还可以使用 and 和 or 等条件。

```
array = np.random.randint(20, size=12)
cond = np.mod(array, 2)==1 #被 2 除,余数是否为 1
np.extract(cond, array)   #array([ 1, 19, 11, 13,  3])
np.extract(((array < 3) | (array > 15)), array)
```

where( )用于从一个数组中返回满足特定条件的元素。返回满足特定条件的数值的索引位置。where( )与 SQL 中使用的 where condition 类似。

```
y = np.array([1,5,6,8,1,7,3,6,9])
np.where(y>5)   #返回值>5 的索引 array([2, 3, 5, 7, 8], dtype=int64),)
```

percentile( )用于计算特定轴方向上数组元素的第 n 个百分位数。找到一组数的百分位数值，如四分位数等，Excel 也常用该函数。

```
a = np.array([71,83,71,49,92,88])   #某班考试成绩
np.percentile(a, 80, axis =0)
#输出 88.0,即要考到班级的前 20%,成绩必须在 88 分以上
```

3.2 数据分析 Pandas

Pandas 官方网站提供了一个 10min 时长的快速上手教程，初学 Pandas 的感觉像在用 Excel，简单记忆下各种功能很快就能上手。

3.2.1 数据类型

Pandas 包含两种数据类型：Series 和 Dataframe（图 3-1 和图 3-2），Series 是一种一维数据结构，每一个元素都带有一个索引，与一维数组的含义相似，其中索引可以为数字或字符串。

Dataframe 是一种二维数据结构，数据以表格形式（与 Excel 类似）存储，有对应的行和列。

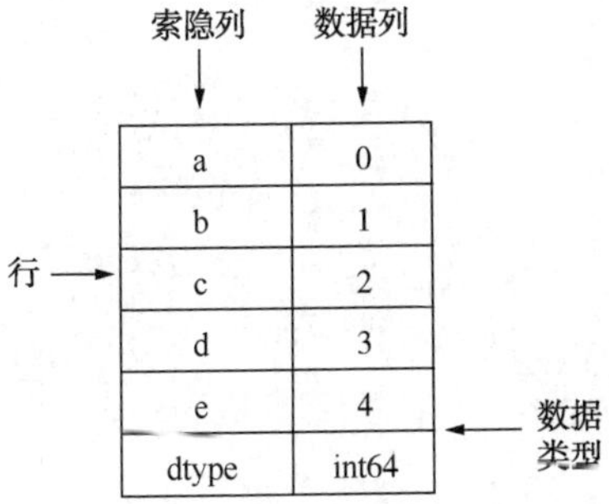

图 3-1　Series 数据格式

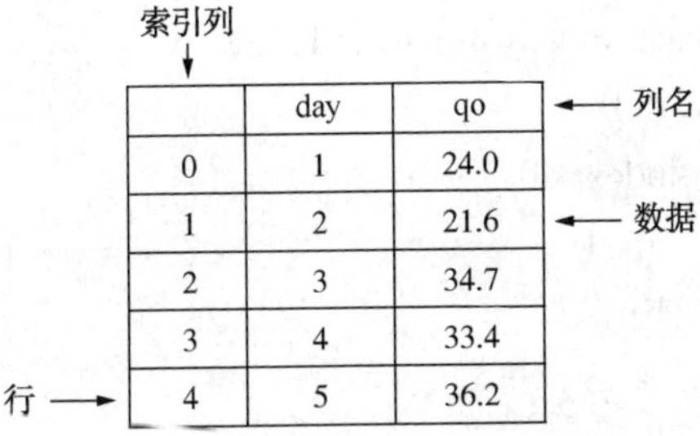

图 3-2　Dataframe 数据格式

如何从列表、数组、字典构建 Series，多个 Series 可以合并成一个 Dataframe，基本操作如下。

```
import pandas as pd
import numpy as np

#从列表字典创建 series
l1 = list('abcde')    #列表
l2 = list([1,2,3,4,5])
l3 = dict(zip(l1, l2))   #字典

#构建方法
s1 = pd.series(l1)
s2 = pd.series(l2)
s3 = pd.series(l3)

'''series 转换为 dataframe'''
df = s3.to_frame()
```

```
print(df)
>>    0
  a  1
  b  2
  c  3
  d  4
  e  5
#索引列转换为 dataframe 的列
df.reset_index(inplace=True)
print(df)
>>  index  0
  0  a  1
  1  b  2
  2  c  3
  3  d  4
  4  e  5

'''多个 series 合并 dataframe'''

#方法 1,axis=1 表示列拼接,0 表示行拼接
df = pd.concat([s1, s2], axis=1)
print(df)
>>   0  1
  0  a  1
  1  b  2
  2  c  3
  3  d  4
  4  e  5
#与方法 1 相比,方法 2 设置了列名
df = pd.dataframe({'col1': s1, 'col2': s2})
print(df)
>>  col1  col2
0    a     1
1    b     2
```

```
2    c    3
3    d    4
4    e    5
''' 获得 series 对象 A 中不包含 series 对象 B 的元素'''
#返回 s1 不包含 s2 的布尔型 series
l1 = list([7,8,9,4,5])    # 列表
s1 = pd.Series(l1)
s3 = ~s1.isin(s2)
print(s3)
>> 0     True
   1     True
   2     True
   3     False
   4     False
dtype: bool
#获取 s1 不包含 s2 的元素
s1[s3]
print(s1[s3])
>> 0     7
   1     8
   2     9
dtype: int64
''' 交集、并集、补集'''

#求 s1 和 s2 的并集
ser_u = pd.Series(np.union1d(s1, s2))
print(ser_u)
>> 0     1
   1     2
   2     3
   3     4
   4     5
   5     7
   6     8
```

```
  7      9
dtype: int64
#求 s1 和 s2 的交集
ser_i = pd.Series(np.intersect1d(s1, s2))
print(ser_i)
>> 0      4
   1      5
dtype: int64
# ser_i 在 ser_u 的补集就是 s1 和 s2 不相同的项
ser_u[~ser_u.isin(ser_i)]
print(ser_u)
>> 0      1
  1      2
  2      3
  5      7
  6      8
  7      9
dtype: int64
```

3.2.2 基本操作

```
import pandas as pd    #引入 pandas 库,按惯例起别名 pd
df = pd.read_excel('data.xlsx')    #文件在同一目录下 Excel 格式
df= pd.read_csv('data.csv')         # csv 格式

#数据描述
df.shape    #(100, 6)查看行数和列数
df.info()    #查看索引、数据类型和内存信息
df.describe()   #查看数值型列的汇总统计
df.dtypes #查看各字段类型
df.axes #显示数据行和列名
df.columns #列名

#数据选取
```

```
df. head(n) #查看 dataframe 对象的前 n 行
df. tail(n) #查看 dataframe 对象的最后 n 行
df. sample(n) #查看 n 个样本,随机
df. index #查看索引内容
df. columns #查看行名

df['Q1'] #查看指定列
df. Q1 #同上,如果列名符合 Python 变量名要求,可使用

#选择多列
df[['team', 'Q1']] #只看这两列,注意括号
df. loc[:, ['team', 'Q1']] #和上边效果一样

#选择行
#用人工索引选取
df[df. index == 'Liver'] #指定索引

#用自然索引选择,类似列表的切片
df[0:3] #取前三行,
df[0:10:2] #前 10 个,每两个取一个
df. iloc[:10,:] #前 10 个

#指定行列
df. loc['Ben', 'Q1':'Q4'] #只看 Ben 的四个季度成绩
df. loc['Eorge':'Alexander', 'team':'Q4'] #指定行区间

#条件选择
df[df. Q1 > 90] # Q1 列大于 90 的
df[df. team == 'C'] # team 列为 'C' 的
df[df. index == 'Oscar'] #指定索引即原数据中的 name

#组合条件
df[(df['Q1'] > 90) & (df['team'] == 'C')] # and 关系
df[df['team'] == 'C']. loc[df. Q1>90] #多重筛选
```

```
#排序
df.sort_values(by='Q1') #按 Q1 列数据升序排列
df.sort_values(by='Q1', ascending=False) #降序
df.sort_values(['team', 'Q1'], ascending=[True, False]) # team 升,Q1 降序

#分组聚合
df.groupby('team').sum() #按团队分组对应列相加
df.groupby('team').mean() #按团队分组对应列求平均
#不同列不同的计算方法
df.groupby('team').agg({'Q1': sum,  #总和
                        'Q2': 'count', #总数
                        'Q3':'mean', #平均
                        'Q4': max}) #最大值

#数据转换
df.groupby('team').sum().T    #求和再转置
df.groupby('team').sum().stack()
df.groupby('team').sum().unstack()

#增加列
df['one'] = 1 #增加一个固定值的列
df['total'] = df.Q1 + df.Q2 + df.Q3 + df.Q4 #增加总成绩列
#指定一些列相加增加一个新列
df['total'] = df.loc[:,'Q1':'Q4'].apply(lambda x:sum(x), axis=1)
df['total'] = df.sum(axis=1) #可以把所有为数字的列相加
df['avg'] = df.total/4 #增加平均成绩列


#数据分析
df.mean() #返回所有列的均值
df.mean(1) #返回所有行的均值,下同
df.corr() #返回列与列之间的相关系数
df.count() #返回每一列中的非空值的个数
```

```
df.max( ) #返回每一列的最大值
df.min( ) #返回每一列的最小值
df.median( ) #返回每一列的中位数
df.std( ) #返回每一列的标准差
df.var( ) #方差
s.mode( ) #众数

#画图
#Pandas 利用 plot( ) 调用 matplotlib 快速绘制出数据可视化图形(注意,第一次使用 plot( ) 时,可能需要执行两下才能显示图形。)
df['Q1'].plot( ) # Q1 成绩的折线分布
df.loc['Ben','Q1':'Q4'].plot( ) # ben 四个季度的成绩变化
df.loc[ 'Ben','Q1':'Q4'].plot.bar( ) #柱状图
df.loc[ 'Ben','Q1':'Q4'].plot.barh( ) #横向柱状图
df.groupby('team').sum( ).T.plot( ) #各 Team 四个季度总成绩趋势
df.groupby('team').count( ).Q1.plot.pie( ) #各组人数对比

#shift 函数是对数据进行移动的操作
df.shift(-1)   #整体向上移动 1 个位置,不存在的填 NaN
df.shift(2)    #整体向下移动 2 个位置,不存在的填 NaN

#数据输出
df.to_excel('team-done.xlsx') #导出 excel
df.to_csv('team-done.csv') #导出 csv
```

read_csv(nrows=n)函数，当文件比较大时，只需要读取其中一部分，可节省时间并提高效率。

```
import io
import requests
url = "https:/../datasets/AirPassengers.csv" #网络获取数据
s = requests.get(url).content   #获取数据内容,只读取前 10 行
df = pd.read_csv(io.StringIO(s.decode('utf-8')),nrows=10 , index_col=0)
```

map( )函数根据相应的输入来映射 Series 的值。用于将一个 Series 中的每个值替换为另一个值，该值可能来自一个函数，也可能来自一个 dict 或 Series。

```
df = pd. DataFrame( np. random. randn(4, 3), columns=list('bde'),
     index=['A,'B','C','D'])
f1 = lambda x: '%.2f' % x  #匿名函数,转小数位
dframe['d']. map(f1)  #应用匿名函数
```

apply( )允许用户传递函数，并将其应用于 Pandas 序列中的每个值。

```
fn = lambda x: x. max( ) - x. min( ) #最大值减最小值
dframe. apply(fn)
```

isin ( )用于过滤数据帧。isin ( )选择特定列中具有特定(或多个)值的行。

```
filter1 = df["value"]. isin([112])
filter2 = df["time"]. isin([1949.000000])df [filter1 & filter2]
```

copy ( )函数用于复制 Pandas 对象。当一个数据帧分配给另一个数据帧时，如果对其中一个数据帧进行更改，另一个数据帧的值也将发生更改。为了防止这类问题，可以使用 copy ( ) 函数，这一点与 NumPy 类似。

```
data = pd. Series(['A','B','C','D'])
data1= data
data2 = data. copy( )
new[1]='X'
print(data1,data2)
```

select_dtypes( )基于 dtypes 的列返回数据帧列的一个子集。

```
framex =  df. select_dtypes(include="float64")
```

query( )是 Pandas 的过滤查询函数，使用布尔表达式来查询 Dataframe 的列，按照列的规则进行过滤操作。

```
df. query('value_1 < value_2')
df. query('year >= 2016 ')
```

insert( )用于在 Dataframe 的指定位置中插入新的数据列。默认情况下新列是添加到末尾的，但可以更改位置参数，将新列添加到任何位置。

```
#新列的值
new_col = np. random. randn(10)
#在第三列位置插入新列,从 0 开始计算
df. insert(2, 'new_col' , new_col)
```

cumsum( )为累加函数，用来求列的累加值。group 列有 A、B、C 三组，year 列有多个年份。我们只知道当年度的值 value_1、value_2，现在求 group 分组下的累计值，比如 A、2014 之前的累计值，可以用 cumsum( )函数来实现。

```
df['cumsum_2'] = df[['value_2','group']]. groupby('group'). cumsum()
```

sample( )用于从 Dataframe 中随机选取若干个行或列。

```
#df 中随机抽取 5 行
sample1 = df. sample(n=5)
#从 df 随机抽取 60%的行,并且设置随机数种子,每次能抽取到一样的样本。
sample2 = df. sample(frac=0. 6,random_state=2)
```

where( )用来根据条件替换行或列中的值。如果满足条件，保持原来的值，如果不满足条件，则替换为其他值。默认替换为 NaN，也可以指定特殊值。

```
df['value_1']. where(df['value_1'] > 5 , 0)
```

isin( )也是一种过滤方法，用于查看某列中是否包含某个字符串，返回值为布尔 Series，来表明每一行的情况。

```
years = ['2010','2014','2017'] #在整改这三年的数据
df[df. year. isin(years)]
```

loc 和 iloc 通常被用来选择行和列，它们的功能相似，但用法是有区别的。

```
df. iloc[:3,:2]  #选择 df 第 1~3 行、第 1~2 列的数据
df. loc[:2,['group','year']]  #选择 group 和 year 两列
df. loc[[1,3,5],['year','value_1']] #选择第 1、3、5 行,year 和 value_1 列
```

rank( )是一个排名函数，按照规则(从大到小，从小到大)给原序列的值进行排名，返回的是排名后的名次。

```
df['rank_1'] = df['value_1'].rank()   #对 df 中列 value_1 进行排名
```

melt( )用于将宽表变成窄表，是 pivot 透视逆转操作函数，将列名转换为列数据(columns name → column values)，重构 Dataframe。简单说，就是将指定的列铺开放到行上变成两列，类别是 variable(可指定)列，值是 value(可指定)列，如图 3-3 所示。

df

	姓名	身高	体重
0	张三	167	65
1	李四	173	75

df.melt(id_var=['姓名'])

	姓名	变量	数值
0	张三	身高	167
1	李四	身高	173
2	张三	体重	65
3	李四	体重	75

图 3-3　宽表变窄表

```
现在将 day1、day2 列变成变量列,再加一个值列：
pd.melt(df1, id_vars=['city'])
```

pivot_table( )透视表，如果对 pivot_table( ) 在 Excel 中的使用有所了解，那么就非常容易上手了，如图 3-4 所示。

```
# -*- coding: utf-8 -*-
"""
Created on 20210101    3.2.2pivot_table.py @author:Zhu Xuan
"""
import numpy as np
import pandas as pd

df=pd.read_csv("3.2.2pivot_table.csv")
table1 = pd.pivot_table(df,  index=['Type', 'ID'])
print(table1)

table2 = pd.pivot_table(df, values='Workingtime_years', index=['Type', 'ID'])
print(table2)
```

```
table3 = pd.pivot_table(df, values='Workingtime_years',index=['Type'],
                              columns=['Mode'],aggfunc=np.sum)
print(table3)

table4 = pd.pivot_table(df, values='Workingtime_years',index=['Type'],
                              columns=['Mode'],aggfunc=[np.mean,len])
print(table4)

table5 = pd.pivot_table(df, values='Workingtime_years',index=['Type'],
                              columns=['Mode'],aggfunc=np.sum,margins=True)
print(table5)

table6 = pd.pivot_table(df, values='Workingtime_years',index=['Type'],
                              columns=['Mode'],aggfunc=np.sum,margins=True,
                              margins_name='total')
print(table6)
table7 = pd.pivot_table(df, values='Nw',index=['Type','ID'],
                              columns=['Mode'],aggfunc=np.sum,margins=True,
                              margins_name='total')
print(table7)

table8 = pd.pivot_table(df, values='Nw',index=['Type','ID'],
                              columns=['Mode'],aggfunc=np.sum,margins=True,
                              margins_name='total',fill_value=0)
print(table8)
```

```
table8 = pd.pivot_table(df,values= 'Nw,index=[Type','ID'], columns=['Mode'],aggfunc=np.sum margins=True, margins_name='total' fill_value=0)
```

Mode		Injector	Producter	total
Type	ID			
horizontal	A11	0.59	0	0.59
	A15	0	15.682	15.682
	A16	0	20.435	20.435
	A19	0	8.94	8.94
	A20	0	11.656	11.656
	A5	11.552	0	11.552
	A7	15.859	0	15.859
vertical	A1	10.411	0	10.411
	A10	1.845	0	1.845
	A12	0	15.568	15.568
	A13	0	0.255	0.255
	A14	0	13.286	13.286
	A17	0	5.845	5.845
	A18	0	5.032	5.032
	A2	9.298	0	9.298
	A3	0.397	0	0.397
	A4	9.926	0	9.926
	A6	12.605	0	12.605
	A8	5.754	0	5.754
	A9	3.126	0	3.126
total		81.363	96.699	178.062

ID	Type	Depth	Mode	Thickness	Workingtime_years	Np	Nw	NI
A1	vertical	2543	Injector	3.5	1.75	0.40131	10.411	5.286
A2	vertical	2658	Injector	4.2	1.8	1.6074	9.298	3.457
A3	vertical	1875	Injector	2.6	2.8	4.16192	0.397	4.365
A4	vertical	1920	Injector	5.8	4.6	4.66532	9.926	5.257
A5	horizontal	1436	Injector	4.7	2.75	5.0523	11.552	6.721
A6	vertical	2543	Injector	2.8	5.7	2.07594	12.605	8.584
A7	horizontal	2658	Injector	5.2	6.75	9.89685	15.859	7.651
A8	vertical	1875	Injector	3.4	1.9	0.63042	5.754	8.478
A9	vertical	1920	Injector	4.3	4.45	0.25899	3.126	9.256
A10	vertical	1872	Injector	6.2	2.3	1.69694	1.845	10.435
A11	horizontal	1436	Injector	7.6	2.35	1.53878	0.59	6.325
A12	vertical	2633	Producter	5.4	3.1	5.46964	15.568	0
A13	vertical	2145	Producter	6.9	2.6	1.20848	0.255	0
A14	vertical	2512	Producter	4.5	2.3	2.35658	13.286	0
A15	horizontal	1947	Producter	3.5	3.95	5.67062	15.682	0
A16	horizontal	2875	Producter	4.8	5.2	7.0252	20.435	0
A17	vertical	2419	Producter	5.7	2.35	0.3948	5.845	0
A18	vertical	1956	Producter	3.6	1.25	1.50325	5.032	0
A19	horizontal	1872	Producter	6.4	3.25	5.56855	8.94	0
A20	horizontal	1439	Producter	7.9	3.75	2.5965	11.656	0

图3-4 pivot_table( )应用

后一个常用功能，实用代码实现同一个文件夹下的多个 csv 合并。

```
# - * - coding: utf-8 - * -
"""
Created on Wed Jan 29 16 : 16 : 21 2020
3.2.3MergeCsv.py@ author: Buyahui
合并当前文件下的所有 csv 文件
"""
import os
import numpy as np
import glob
import csv

path=os.path.abspath('..')+'\\csvfile\\'
csv list = glob.glob(path+'*.csv') #查看同文件夹下的 csv 文件数
csv_list1=os.listdir(path) #返回指定目录下文件列表

csv_list2=[]
for x in csv_list1:
    csv_list2.append(path+x)

print(u'共发现%s 个 CSV 文件' % len(csv_list))
print(u'正在处理............')
for i in csv_list2: #循环读取同文件夹下的 csv 文件
      fr = open(i,'rb').read()
      #with open('result.csv','ab') as f: #a 是追加 ,w 是覆盖
      with open(path+'result.csv','ab') as f: #将结果保存为 result.csv
            f.write(fr)
print(u'合并 Result 完毕！')
```

3.2.3 绘图功能

Pandas 中提供了基本绘图函数 Pandas.Dataframe.plot( )和 Pandas.Series.plot( )，底层使用的 Matplotlib 实现画图，使用 Pandas 绘图贵在代码简洁和效率高。特别适合中间计算步骤的结果绘制。

```
import pandas as pd
import seaborn as sns

df = sns. load_dataset( "iris" ) #获取数据
df. plot( )   #画曲线图
df. plot( kind='hist' )   #直方图
df. hist( bins=20)   #按 20 个区间统计
df. boxplot( )   #箱型图
df. plot. hexbin( 'sepal_width' , 'sepal_length' , gridsize = 20)   #六边形蜂窝热力图

#使用 Seaborn 的绘图风格
sns. set( )
df. plot( kind='kde' )

#使用 groupby 分组,绘制不同' species' 的数据曲线,会得到三张折线图。
df. groupby( 'species' ). plot( )
#绘图带填充的区域图
df. plot. area( stacked=False)
```

3.3 科学计算 SciPy

SciPy 是用于 Python 编程语言的开源科学计算库。自 2001 年首次发布以来，SciPy 已成为利用 Python 中的科学算法约定俗成的标准，每年有 600 多个独特的代码贡献者，数千个依赖程序包，超过 100000 个依赖存储库和数百万次下载。

SciPy 作为一个高级的科学计算库，工程师常用的各种科学算法几乎都能找到，SciPy 让 Python 插上翅膀与 MATLAB 相匹敌，能够完成最优化、线性代数、积分、插值、拟合、特殊函数、快速傅里叶变换、信号处理和图像处理、常微分方程求解和其他科学与工程中常用的计算(表 3-1)。

表 3-1 SciPy 模块表

模块名	功 能	模块名	功 能
SciPy. cluster	聚类	SciPy. odr	正交距离回归
SciPy. constants	数学常量	SciPy. optimize	优化算法
SciPy. fftpack	快速傅里叶变换	SciPy. signal	信号处理
SciPy. integrate	积分	SciPy. sparse	稀疏矩阵
SciPy. interpolate	插值	SciPy. spatial	空间数据结构和算法
SciPy. io	数据输入输出	SciPy. special	特殊数学函数
SciPy. linalg	线性代数	SciPy. stats	统计函数
SciPy. ndimage	N 维图像		

注意：SciPy 是依赖于 NumPy 的，所以在安装 SciPy 前，需要先安装好 NumPy。

3.3.1 常量

SciPy 中保存了各种常量，省去了自己输入的麻烦，但前提是知道如何在 SciPy 找到(表 3-2)。

表 3-2 SciPy 常量表

常量名	含 义	常量名	含 义
c/speed_of_light	真空中的光速	alpha/fine_structure	精细结构常数
mu_0	磁常数 μ_0	N_A/Avogadro	阿伏伽德罗常数
epsilon_0	电常数(真空介电常数)ε_0	k/Boltzmann	玻尔兹曼常数
h/Planck	普朗克常数 h	sigma/Stefan_Boltzmann	斯特凡玻尔兹曼常数 σ
G/gravitational_constant	牛顿引力常数	Wien	维恩位移定律常数
g	标准重力加速度	pi	圆周率
e/elementary_charge	基本电荷	golden/golden_ratio	黄金比率
R/gas_constant	摩尔气体常数		

常量的具体调用方法如下：

```
from scipy import constants as C
print("光速:",C.c)
print('普朗克常数:',C.h)

#单位转换
print('一英里:',C.mile)
print('一英寸',C.inch)
```

SciPy 中的 special 模块包含了基本数学函数、特殊数学函数及 NumPy 中所出现的所有函数。

```
from scipy import special as S
print(S. gamma(4)) #s 伽马函数
```

3.3.2 数值积分

Python 的 SciPy 模块中拥有大量的数值计算函数，方便我们快速进行数值计算。数值积分是对定积分的数值求解，例如可以利用数值积分计算某个形状的面积。例如，半径为 1 的半圆的面积，根据圆的面积公式，其面积应该等于 π。单位半圆曲线可以用函数 half_circle( ) 表示，计算方法如下：

```
import scipy #导入 scipy 中所有模块
from scipy import integrate#导入其中积分模块
def half_circle(x):
    return (1-x ** 2) ** 0.5
res, err = integrate. quad(half_circle, -1, 1)
print(res,err)
```

此处调用了积分模块下的 quad 函数，这里不仅返回了积分结果，还给出了计算误差。多重定积分的求值可以通过多次调用 quad 函数实现。为了调用方便，integrate 库提供了 dblquad 函数进行二重定积分并提供了 tplquad 函数进行三重定积分。

SciPy. integrate 库提供了数值积分和常微分方程组求解算法 odeint。odeint( ) 函数需要至少三个变量：第一个变量是微分方程函数；第二个变量是微分方程初值；第三个变量是微分的自变量。例如，用 odeint 计算十分经典的洛伦兹吸引子的轨迹(图 3-5)，洛伦兹吸引子由下面的三个微分方程定义：

$$\dot{x} = \sigma$$

$$\dot{y} = x(\rho - y)$$

$$\dot{z} = xy - \beta$$

```
from scipy. integrate import odeint
import numpy as np
def lorenz(w, t, p, r, b):
    #给出位置矢量 w 和三个参数 p, r, b 计算出
```

```
    # dx/dt, dy/dt, dz/dt 的值
    x, y, z = w
    #直接与 lorenz 的计算公式对应
    return np.array([p * (y-x), x * (r-z)-y, x * y-b * z])

t = np.arange(0, 30, 0.01) #创建时间点
#调用 ode 对 lorenz 进行求解, 用两个不同的初始值
track1 = odeint(lorenz, (0.0, 1.00, 0.0), t, args=(10.0, 28.0, 3.0))
track2 = odeint(lorenz, (0.0, 1.01, 0.0), t, args=(10.0, 28.0, 3.0))
from mpl_toolkits.mplot3d import Axes3D
import matplotlib.pyplot as plt
fig = plt.figure()
ax = Axes3D(fig)
ax.plot(track1[:,0], track1[:,1], track1[:,2])
ax.plot(track2[:,0], track2[:,1], track2[:,2])
plt.show()
```

这里使用到了第 4 个参数 args，它是一个 tuple 类型，给函数传递额外的参数。我们看到，即使初始值只相差 0.01，两条运动轨迹也是完全不同的。在程序中先定义一个洛伦兹函数，它的任务是计算出某个位置的各个方向的微分值，这个计算直接根据洛伦兹吸引子的公式得出。然后调用 odeint，对微分方程求解，odeint 有许多参数，这里用到的四个参数分别为：

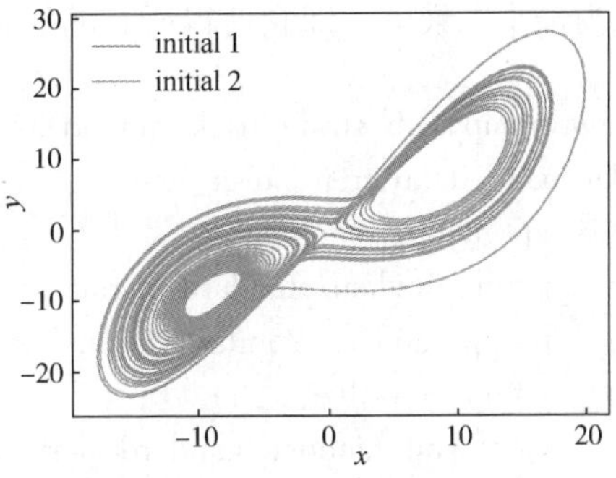

图 3-5　洛伦兹轨迹

（1）lorenz，它是计算某个位移上的各个方向的速度(位移的微分)。

（2）(0.0, 1.0, 0.0)，位移初始值，计算常微分方程所需的各个变量的初始值。

（3）t，表示时间的数组，odeint 对于此数组中的每个时间点进行求解，得出所有时间点的位置。

（4）args，这些参数直接传递给洛伦兹函数，因此它们都是常量。

3.3.3 线性代数

1. 求解线性方程组

NumPy 和 SciPy 都提供了线性代数函数库 linalg，但是，SciPy 的线性代数库比 NumPy 更全面。NumPy. linalg. solve(A，b) 和 SciPy. linalg(A，b) 都可以用来解线性方程组 Ax=b。

```
from scipy import linalg
m,n=500,50
A=np.random.rand(m,m)
B=np.random.rand(m,n)
X1=np.dot(linalg.inv(A),B)
X2=linalg.solve(A,B)
print(X2)
print(np.allclose(X1,X2))
```

2. 求解最小二乘解

lstsq( ) 比 solve( ) 更一般化，他不要求矩阵 A 是正方形，也就是说方程的个数可以少于未知数的个数。它找到一组解使得 ‖ b−Ax ‖ 最小。我们称得到的结果为最小二乘解，即它使得所有的等式的误差的平方和最小。

```
from numpy.lib.stride_tricks import as_strided
def make_data(m,n,noise_scale):
    np.random.seed(42)
    x=np.random.standard_normal(m)
    h=np.random.standard_normal(n)
    y=np.convolve(x,h)
    yn=y+np.random.standard_normal(len(y)) * noise_scale * np.max(y)
    return x,yn,h
def solve_h(x,y,n):
    X=as_strided(x,shape=(len(x)-n+1,n),strides=(x.itemsize,x.itemsize))
    Y=y[n-1:len(x)]
    h=linalg.lstsq(X,Y)
    return print(h[0][::-1])
x,yn,h=make_data(1000,100,0.4)
H1=solve_h(x,yn,120)
print('\n')
H1=solve_h(x,yn,80)
```

3. 特征值和特征向量

```
a=np.array([[1,0.3],[0.1,0.9]])
linalg.eig(a)#第一个元组是特征值,第二个元组是特征向量
```

4. 曲线拟合

```
#函数+噪声生成待拟合值
import matplotlib.pyplot as pl
def func(x,p):
    a,k,theta=p
    return a * np.sin(2 * np.pi * k * x+theta)
def residuals(p,y,x):
    return y-func(x,p)
x=np.linspace(0,2 * np.pi,100)
a,k,theta=10,0.34,np.pi/6 #真实参数
y0=func(x,[a,k,theta])
y1=y0+2 * np.random.randn(len(x))#随机噪声
#对于这种一维曲线拟合,optimize库还提供了一个curve_fit()函数,它的目标函数与leastsq稍有不同,各个待优化参数直接作为函数的参数传入
def func2(x,A,k,theta):
    return A * np.sin(2 * np.pi * k * x+theta)
popt,_=optimize.curve_fit(func2,x,y1,p0=p0)
print(popt)
```

3.3.4 统计函数

stats 模块提供了大约 80 种连续随机变量和 10 多种离散分布变量。

```
from scipy import stats    #查看所有随机概率分布方法
[k for k,v in stats.__dict__.items() if isinstance(v,stats.rv_continuous)]
```

norm.rvs 通过 loc 和 scale 参数可以指定随机变量的偏移和缩放参数，这里对应的是正态分布的期望和标准差，标准差是方差的算术平方根。size 得到随机数数组的形状参数。(也可以使用 np.random.normal(loc=0.0, scale=1.0, size=None))

```
from scipy import stats
#生成 10 个期望是 0、标准差是 1 的正态分布随机变量
stats. norm. rvs(loc = 0,scale = 1,size =10)
#生成 3 行两列期望是 2,标准差是 10 的正态分布随机变量
stats. norm. rvs(loc = 2,scale = 10,size=(3,2))
```

概率密度函数和累积分布函数，stats. norm. pdf 用以求正态分布概率密度函数，stats. norm. cd 用以求正态分布累计概率密度函数。

```
sample = np. random. randn(10)
#pdf(x, loc, scale),输入 x,返回概率密度函数
stats. norm. pdf(sample,loc = 0,scale = 1)
#cdf(x, loc, scale),输入 x,返回概率,即密度函数的面积
stats. norm. cdf(sample,loc=3,scale=1)
统计检验
```

stats 子模块也包括了诸如 kstest 和 normaltest 等样本测试函数，用来检测样本是否服从某种分布，stats 常用功能见表 3-3。

```
sample = np. random. randn(100)
#用 normaltest 检验原假设
out = stats. normaltest(sample)
print (out) #输出结果为 NormaltestResult(statistic=0. 5744371686350016, pvalue
=0. 7503476966711264)

# kstest 是检验拟合度的 Kolmogorov-Smirnov 检验,针对正态分布进行检验
# statistic 的值是 KS 统计量的值,越接近 0 越好
out = stats. kstest(sample, 'norm')
print (out) #输出结果为 KstestResult(statistic=0. 10850663258563678, pvalue=
0. 1763924285692815)

#类似地可以针对其他分布进行检验,例如 Wald 分布
out = stats. kstest(sample, 'wald')
print (out) #输出结果为 KstestResult(statistic=0. 5297870596312018, pvalue=0. 0)
```

表 3-3 stats 模块描述函数表

函数	描述
describe( )	计算传递数组的几个描述性统计信息
gmean( )	计算沿指定轴的几何平均值
hmean( )	计算沿指定轴的谐波平均值
kurtosis( )	计算峰度
mode( )	返回模态值
skew( )	测试数据的偏斜度
f_oneway( )	执行单向方差分析
iqr( )	计算沿指定轴的数据的四分位数范围
zscore( )	计算样本中每个值相对于样本均值和标准偏差的 z 值
sem( )	计算输入数组中值的标准误差(或测量标准误差)

3.3.5 数据插值

1. 一维数据插值处理

```
# -*- coding: utf-8 -*-
"""
Created on Wed Jan 20 23:42:28 2021
3.3.5-1D-interpolate.py @ author: buyahui
"""
import numpy as np
import scipy.interpolate as si
import matplotlib.pyplot as mp

#造一些散点数据
min_x = -50
max_x = 50
dis_x = np.linspace(min_x, max_x, 15)
dis_y = np.sinc(dis_x)

#绘图
mp.figure('Insert Value')
mp.scatter(dis_x, dis_y, s=60, c='red', marker='o')
```

```
#基于这些离散数据,使用插值获得连续函数---线性插值法
func = si.interp1d(dis_x, dis_y, kind='linear')
#绘制 func 函数
x = np.linspace(min_x, max_x, 1000)
y = func(x)
mp.plot(x, y, label='linear')

#基于这些离散数据,使用插值获得连续函数---三次样条插值法
func = si.interp1d(dis_x, dis_y, kind='cubic')
#绘制 func 函数
x = np.linspace(min_x, max_x, 1000)
y = func(x)
mp.plot(x, y, label='Cubic')
mp.show()
```

2. 二维数据插值处理

```
# -*- coding: utf-8 -*-
"""
Created on Wed Jan 13 10:19:08 2021
3.3.5-2D-interpolate.py@author: Byh
"""
import numpy as np
from scipy import interpolate
import pylab as pl
import matplotlib as mpl

def func(x, y):
return (x+y)*np.exp(-5.0*(x**2 + y**2))

# X-Y 轴分为 15*15 的网格
y,x= np.mgrid[-1:1:15j, -1:1:15j]
```

```
fvals = func(x,y) #计算每个网格点上的函数值 15 * 15 的值
print(len(fvals[0]))

#三次样条二维插值
newfunc = interpolate.interp2d(x, y, fvals, kind='cubic')

#计算 100 * 100 的网格上的插值
xnew = np.linspace(-1,1,100)   #x
ynew = np.linspace(-1,1,100)   #y
fnew = newfunc(xnew, ynew)#仅仅是 y 值 100 * 100 的值

#绘图
#为了更明显地比较插值前后的区别,使用关键字参数 interpolation='nearest'
#关闭 imshow( )内置的插值运算。
pl.subplot(121)
im1=pl.imshow(fvals, extent=[-1,1,-1,1], cmap=mpl.cm.hot, interpolation=
'nearest', origin="lower")#pl.cm.jet
#extent=[-1,1,-1,1]为 x,y 范围 favals 为
pl.colorbar(im1)

pl.subplot(122)
im2=pl.imshow(fnew, extent=[-1,1,-1,1], cmap=mpl.cm.hot, interpolation=
'nearest', origin="lower")
pl.colorbar(im2)
pl.show( )
```

3.3.6 聚类分析

SciPy.cluster 是一个做聚类的子模块，它主要包含两类聚类方法：第一类是矢量聚类 scipy.cluster.vq，支持 vector quantization 和 k-means 聚类方法；第二类是层次聚类 scipy.cluster.hierarchy，支持 hierarchical clustering 和 agglomerative clustering(凝聚聚类)。这里主要展示最常用的层次聚类和 k-means 聚类。

```
import scipy
import scipy. cluster. hierarchy as sch
#生成待聚类的数据点,这里生成了 20 个点,每个点 4 维:
points=scipy. randn(20,4)
#生成点与点之间的距离矩阵,这里用的欧氏距离:
dis = sch. distance. pdist(points,'euclidean')
#进行层次聚类:
Z=sch. linkage(dis,method='average')
#将层级聚类结果以树状图表示出来
P=sch. dendrogram(Z)
#根据 linkage matrix Z 得到聚类结果:
cluster= sch. fcluster(Z, t=1)
print (cluster) #输出结果为[2 6 3 1 5 5 2 3 3 6 3 2 4 4 1 4 3 4 5 5]

from scipy. cluster. vq import vq,kmeans,whiten   # k-means 聚类
#将原始数据做归一化处理
data=whiten(scipy. randn(20,4))

#使用 kmeans 函数进行聚类,输入第一维为数据,第二维为聚类个数 k
#k-means 最后输出的结果其实是两维的,第一维是聚类中心,第二维是损失 dis-
tortion,我们在这里只取第一维,所以最后有个[0]
centroid=kmeans(data,max(cluster))[0]

#使用 vq 函数根据聚类中心对所有数据进行分类,vq 的输出也是两维的,[0]表
示所有数据的 label
label=vq(data,centroid)[0]
print (label) #输出结果为[5 5 3 4 4 5 1 5 5 4 4 5 2 1 0 4 5 2 2 3]
```

聚类属于无监督机器学习算法，在 Scikitlearn 中有更丰富的聚类算法。

3.4 符号计算 SymPy

SymPy 是 Python 的数学符号计算库，用它可以进行数学公式的符号推导。笔者第一次见到 SymPy 着实感到惊讶，如果说前边的数值计算即使自己没编出来，

至少也会明白是怎么实现的，可是要把二项式展开编成代码，究竟应该怎么写，没有一丝头绪。

有了这个工具，遇到理论计算时，可以直接把方程推导简化一番，直接代入最简形式进行计算，可以达到提高计算效率的效果。

3.4.1 内置符号与运算

```
import sympy


sympy.I              #虚数单位 i
sympy.I ** 2        #-1
sympy.E              #自然对数

1/sympy.oo      #0,无穷大
1 + sympy.oo    # oo 无穷大

sympy.pi                    #圆周率 pi
sympy.sin(sympy.pi/2)
sympy.log(sympy.E)      #自然对数
sympy.log(1000,10)

sympy.sqrt(4)  #求 4 的平方根
sympy.sqrt(-1)  #求-1 的平方根 i
sympy.root(8,3)  #求 8 的 3 次方根

2 ** 3     #求 2 的 3 次方
16 ** (1/2) #求 16 的平方根

sympy.factorial(4) # 求阶乘


sympy.sin(sympy.pi)
sympy.sin(sympy.pi/2)

#首先定义 x 为一个符号,表示一个变量
```

```
x = sympy.Symbol('x')
fx = 2 * x + 1
fx.evalf(subs={x:2})  #用 evalf 函数,传入变量的值,对表达式进行求值

#多元表达式
x,y = sympy.symbols('x y')
f = 2 * x + y
f.evalf(subs = {x:1,y:2})  #以字典的形式传入多个变量的值
```

3.4.2 表达式展开简化

如果需要简化表达式，可以仔细进行如下研究。

1. 表达式展开

```
from sympy import expand,factor
from sympy.abc import x,y
expr = x * * 2+x * y+3 * x
#折叠
factor(expr)
>>x * * 2 + x * y + 3 * x
#展开
expr2 = x * (x+y+3)
expand(expr2)
>>x * * 2 + x * y + 3 * x
```

2. 表达式简化

```
from sympy import simplify
from sympy.abc import x
simplify((x * * 3 + x * * 2 - x - 1)/(x * * 2 + 2 * x + 1))
>>x-1

#三角化简 trigsimp
from sympy import trigsimp,sin,cos
```

```
from sympy. abc import x,y
y = sin(x)/cos(x)
trigsimp(y)
>>tan(x)

#指数化简
from sympy import powsimp
from sympy. abc import x,a,b
y = x* *a * x* *b
#指数化简
powsimp(y) #x * *(a + b)
```

3.4.3 解方程组

```
#定义 x为一个符号,代表一个未知数
x = sympy. Symbol('x')

#解方程:x - 1 = 0
sympy. solve(x - 1,x)

#解方程:x ^2 - 1 = 0
sympy. solve(x * * 2 - 1,x)

#解方程:x ^2 + 1 = 0
sympy. solve(x * * 2 + 1,x)
```

另外一种表达方式:

```
from sympy. abc import x,y
from sympy import solve,linsolve,Eq

#对一个方程求解,使用 solve
solve(Eq(2 * x-1,3), x)

#对多个方程求解,使用 linsolve。方程的解为 x=-1,y=3
linsolve([x+2 * y-5,2 * x+y-1], (x,y))    #{(-1, 3)}
```

3.4.4 微积分

1. 求极限

```
from sympy.abc import x
from sympy import limit
limit(1/x, x, 0, '+')   # oo

f1 = sympy.sin(x)/x
f2 = (1+x) ** (1/x)
f3 = (1+1/x) ** x
```

$$\lim_{x\to 0}\frac{\sin x}{x}=1\quad \lim_{x\to 0}(1+x)^{\frac{1}{x}}=e\quad \lim_{x\to\infty}\left(1+\frac{1}{x}\right)^{x}=e$$

```
sympy.limit(f1,x,0)   #1
sympy.limit(f2,x,0)   #E
sympy.limit(f3,x,sympy.oo)   #E
```

2. 求导数

```
x = sympy.Symbol('x')
f = x ** 2 + 2 * x + 1

sympy.diff(f,x)
2 * x + 2

f2 = sympy.sin(x)
sympy.diff(f2,x)   #cos(x)

#多元函数求偏导
y = sympy.Symbol('y')
f3 = x ** 2 + 2 * x + y ** 3
sympy.diff(f3,x)   # 2 * x + 2
sympy.diff(f3,y)   #3 * y ** 2
```

```
#求偏导,已知f=3 x^2yz,求∂^2f/∂x∂y
    f = 3 * x ** 2 * y * z
diff(f, x,y)    #6 * x * z
```

3. 定积分

$$\int_0^3 f(x)\,dx = \int_0^3 x^2 dx = \frac{1}{3}x^3 \Big|_0^3 = 9$$

```
t,x = sympy.symbols('t x')
f = 2 * t
g = sympy.integrate(f,(t,0,x))
sympy.integrate(g,(x,0,3))
>>9
```

$$\int_0^{\pi} \sin(x)\,dx = 1 - \cos(\pi)$$

integrate(表达式,(备积变量,下限,上限))

```
from sympy.abc import pi,x
from sympy import integrate,sin
integrate(sin(x), (x,0,pi))
-cos(pi) + 1
```

4. 不定积分

$$\int (e^x + 2x)\,dx = e^x + x^2$$

```
x = sympy.Symbol('x')
f = sympy.E * * x + 2 * x
sympy.integrate(f,x)
x * * 2 + exp(x)
```

3.4.5 赋值计算

给定一个表达式 $y=\sin(x)+\cos(x)$，当我们将 x 替换成x^2。

```
from sympy. abc import x,y
from sympy import sin,cos
y = sin(x)+cos(x)y
sin(x) + cos(x)
y. subs(x, x* *2)
sin(x* *2) + cos(x* *2)
```

3.4.6 log 运算

$$\log\left(\frac{x}{y}\right)=\log(x)-\log(y)$$

$$\log(e^x)=x\log(e)$$

```
from sympy import log,expand_log
from sympy. abc import x,y,e

#expand_log 为展开 log,但需要将 force=True,展开才能发生

expand_log(log(x* *3), force=True)
3*log(x)
#expand_log 为展开 log,但需要将 force=True,展开才能发生

expand_log(log(x* *3))
log(x* *3)
expand_log(log(e* *x), force=True)
x*log(e)
```

3.4.7 级数展开

泰勒展开式，拉格朗日展开式：

$$e^x = 1+x+\frac{x^2}{1*2}+\frac{x^3}{2*3}+\frac{x^4}{3*4}+\cdots\frac{x^n}{(n-1)*n}+0(x^n)$$

比如当 $n=3$ 时，$e^x = 1+x+\frac{x^2}{1*2}+o(x^3)$

这里实现的方法是：sympy 表达式 . series(变量，0，n)。

```
from sympy import exp,symbols
x = symbols('x')
expr = exp(x)
expr. series(x, 0, 3)
>>1 + x + x**2/2 + O(x**3)
```

第4章 数据可视化

数据可视化的应用十分广泛。Python 提供了功能极其强大的可视化工具包，绘制各种清晰、美观、交互式的图形，借助这些图形工具可以直观、形象地显示大量数据的分布规律，便于发现数据背后的信息。

4.1 绘图基础

在油藏工程师的日常工作中，各类图表的绘制工作占据了大量时间。学习可视化工具，最大的作用是解决简单重复性劳动，从而把精力投入到数据分析、规律总结等方面。本章主要介绍 Matplotlib 的绘图方法，其他模块可以参考表 4-1 相关网站。

表 4-1 Python 可视化工具包表

名称	特点	网址
Matplotlib	行业标杆	https：//matplotlib. org/
Seaborn	美化图	http：//seaborn. pydata. org/
HoloViews	小部件可交互式	http：//holoviews. org/
Altair	统计可视化库	https：//altair-viz. github. io/
PyQtGraph	数学、科学、工程	http：//www. pyqtgraph. org/
ggplot	少量代码高效绘图	http：//ggplot. yhathq. com/
Bokeh	支持浏览器	https：//bokeh. pydata. org/en/latest/
pygal	矢量图形语言	http：//www. pygal. org/en/stable/
VisPy	交互式	http：//vispy. org/gallery. html
NetworkX	复杂网络结构图	https：//networkx. github. io/documentation/stable/tutorial. html
Plotly	交互式	https：//plot. ly/python/
geoplotlib	地理图件	https：//residentmario. github. io/geoplot/index. html
folium	交互式地图	https：//python-visualization. github. io/folium/
vincent	图件美化	https：//vincent. readthedocs. io/en/latest/
mpld3	Web 交互式	http：//mpld3. github. io/
python-igraph	复杂网络	http：//igraph. org/python/
missingno	数据集查看工具	https：//github. com/ResidentMario/missingno
Mayavi2	3D 绘图	http：//code. enthought. com/pages/mayavi-project. html

注：表中内容为截至本书完稿时汇总。

4.1.1 图件构成

使用 Matplotlib 少量代码即可轻松绘制图件，可是若要把图变得美观大方，还有很多的细节需要花时间调整。Python 绘图并不具备类似 Excel 的交互式的功能，每一个细节调整都需要调用相关代码。

令初学者特别头疼的一件事是，一张看似普普通通的图，每个部分叫什么，用什么参数控制，始终记忆不起来，甚至怀疑自己本来在 Excel 中轻松搞定的事情，为什么自找麻烦在这花费很长时间找代码。学习 Matplotlib 最理想的参考文件是官方网站及 Release 文件。

绘图的基础是创建画图窗口(Figure)，然后创建子图(Subplot)，所有的绘画只能在子图上进行。如图 4-1 所示，在图上继续绘制线点、坐标轴、刻度、图例等信息。

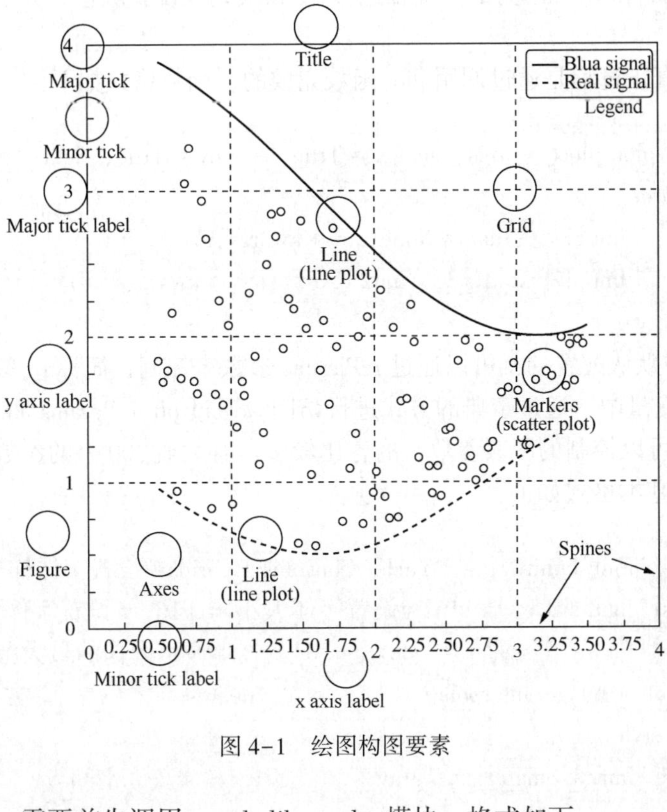

图 4-1 绘图构图要素

绘图前，需要首先调用 matplotlib. pyplot 模块，格式如下：

```
import matplotlib. pyplot as plt
```

常用的配置参数：

(1) axex：设置坐标轴边界和表面的颜色、坐标刻度值大小和网格。

(2) figure：控制 dpi、边界颜色、图形大小、子区(subplot)设置。

(3) font：字体集(font family)、字体大小和样式设置。

(4) grid：设置网格颜色和线性。

(5) legend：设置图例和其中的文本的显示。

(6) line：设置线条(颜色、线型、宽度等)和标记。

(7) patch：是填充 2D 空间的图形对象，如多边形和圆。控制线宽、颜色和抗锯齿设置等。

(8) savefig：对保存的图形进行单独设置。例如，设置渲染的文件的背景为白色。

(9) xticks 和 yticks：为 x、y 轴的主刻度和次刻度设置颜色、大小、方向，以及标签大小。

画图的真正过程是通过调用 plot 函数完成的，函数格式如下：

```
matplotlib. pyplot. plot( * args, scalex = True, scaley = True, data = None, * * kwargs) [ source ]
plot( [ x ], y, [ fmt ], * , data=None, * * kwargs)
plot( [ x ], y, [ fmt ], [ x2 ], y2, [ fmt2 ], . . . , * * kwargs)
```

pyplot 中默认配置的，可以通过 rcParams 参数来控制，简称 rc 参数。rc 参数存储在字典变量中，通过字典的方式进行访问。通过 plt. rcParams. keys( )可以查看到 rc 参数可以控制的图表参数，内容比较多，有大概 300 个的参数可选项。常用 rc 参数的基本格式如下：

```
plt. rcParams[ 'font. family' ] = 'YaHei Consolas Hybrid' #设置字体样式
plt. rcParams[ 'font. size' ] = '16' #设置字体大小 = '16' # 设置字体大小
plt. rcParams[ 'figure. figsize' ] = (5. 0, 4. 0)        #显示图像的最大范围
plt. rcParams [ ' image. interpolation ' ] = ' nearest ' # 差 值 方 式, 设 置 interpolation style
plt. rcParams[ 'image. cmap' ] = 'gray'                  #灰度空间
```

rc 参数常用的基本种类：

animation 开头表示动画设置；font 开头表示字体设置；axes 开头表示内框画

布；figure 开头表示外框画布设置；boxplot 开头表示箱线图设置；grid 开头表示网格标签设置；image 开头表示图片设置；keymap 开头表示快捷键设置；legend 开头表示图例设置；lines 开头表示线条设置；mathtext 开头表示数学公式字体相关设置；xtick 开头表示 x 轴标签设置；ytick 开头表示 y 轴标签设置。常用设置语句见表 4-2 和表 4-3。

表 4-2 绘图常用参数表

序 号	属 性	说 明
1	plt. rcParams['axes. unicode_ minus'] = False	字符显示
2	plt. rcParams['font. sans-serif'] = 'SimHei'	显示中文
	线条样式：lines	
1	plt. rcParams['lines. linestyle'] = '-. '	线条样式
2	plt. rcParams['lines. linewidth'] = 3	线条宽度
3	plt. rcParams['lines. color'] = 'blue'	线条颜色
4	plt. rcParams['lines. marker'] = None	默认标记
5	plt. rcParams['lines. markersize'] = 6	标记大小
6	plt. rcParams['lines. markeredgewidth'] = 0. 5	标记附近的线宽
	横轴、纵轴：xtick、ytick	
1	plt. rcParams['xtick. labelsize']	横轴字体大小
2	plt. rcParams['ytick. labelsize']	纵轴字体大小
3	plt. rcParams['xtick. major. size']	x 轴最大刻度
4	plt. rcParams['ytick. major. size']	y 轴最大刻度
	figure 中的子图：axes	
1	plt. rcParams['axes. titlesize']	子图的标题大小
2	plt. rcParams['axes. labelsize']	子图的标签大小
	图像、图片：figure、savefig	
1	plt. rcParams['figure. dpi']	图像分辨率
2	plt. rcParams['figure. figsize']	图像显示大小
3	plt. rcParams['savefig. dpi']	图片像素

表 4-3 绘图字体设置参数表

参 数	属 性	说 明
rcParams['font']	'font. family'	用于显示字体的名字
	'font. style'	字体风格，正常'normal'或斜体'italic'
	'font. size'	字体大小，整数字号或者'large'、'x-small'
	'SimHei'	中文黑体

续表

参数	属性	说明
rcParams ['font. family']	'Kaiti'	中文楷体
	'LiSu'	中文隶书
	'FangSong'	中文仿宋
	'YouYuan'	中文幼圆

plot 里有很多的属性，用来改变图形的外观，具体属性参见表 4-4 和表 4-5。

表 4-4　绘图常用属性表

属性	值类型
alpha	浮点值
animated	[True / False]
antialiased or	aa [True / False]
clip_box	matplotlib. transform. Bbox 实例
clip_on	[True / False]
clip_path	Path 实例，Transform 及 Patch 实例
color or c	任何 matplotlib 颜色
contains	命中测试函数
dash_capstyle	['butt' / 'round' / 'projecting']
dash_joinstyle	['miter' / 'round' / 'bevel']
dashes	以点为单位的连接/断开墨水序列
data	(np. array xdata, np. array ydata)
figure	matplotlib. figure. Figure 实例
label	任何字符串
linestyle or ls	['-' / '--' / '-.' / ':' / 'steps' / ...
linewidth or lw	以点为单位的浮点值
lod	[True / False]
marker	['+' / ',' / '.' / '1' / '2' / '3' / '4'
markeredgecolor	or mec 任何 matplotlib 颜色
markeredgewidth	or mew 以点为单位的浮点值
markerfacecolor	or mfc 任何 matplotlib 颜色
markersize or m	s 浮点值
markevery	[None /整数值 / (startind, stride)]

续表

属 性	值类型
picker	用于交互式线条选择
pickradius	线条的拾取选择半径
solid_capstyle	['butt' / 'round' / 'projecting']
solid_joinstyle	['miter' / 'round' / 'bevel']
transform	matplotlib. transforms. Transform 实例
visible	[True / False]
xdata	np. array
ydata	np. array
zorder	任何数值

表 4-5 绘图常用参数表

项 目	设置方法
设置刻度范围	plt. axis( ) plt. xlim( ),plt. ylim( ) ax. set_xlim( ),ax. set_ylim( )
设置显示的刻度	plt. xticks( ),plt. yticks( ) ax. set_xticks( ),ax. set_yticks( )
设置坐标轴标签	plt. xticklabels( ),plt. yticklabels( ) ax. set_xticklabels( ),ax. set_yticklabels( )
设置坐标轴标签	plt. xlabel( ),对 x 轴增加文本标签 plt. ylabel( ),对 y 轴增加文本标签 ax. set_xlabel( ),ax. set_ylabel( )
设置标题	plt. title( )对图形整体增加文本标签 ax. set_title( )
图例	ax. plot(label='图例') ax. legend( ),plt. legend( ) LOC = 'best':自动选择放置图例最佳位置 'upper right' : 1,'upper left' : 2,'lower left' : 3,'lower right' :4
设置注释	plt. text( )在任意位置增加文本 plt. annotate( )在图形中增加带箭头的注解

4.1.2　子图布局

当需要在一张图中做多张子图时,需要考虑图件的布局问题,可以使用 subplot 指明图件布局结构,使用规则为:Suplot(行,列,第 i 幅图)。该方法只能对子图进行简单布局,当遇到复杂的结构时,需要用 Axes 轴集功能。以下是 Matplotlib 官方网站提供的布局示例(图 4-2 和图 4-3)。

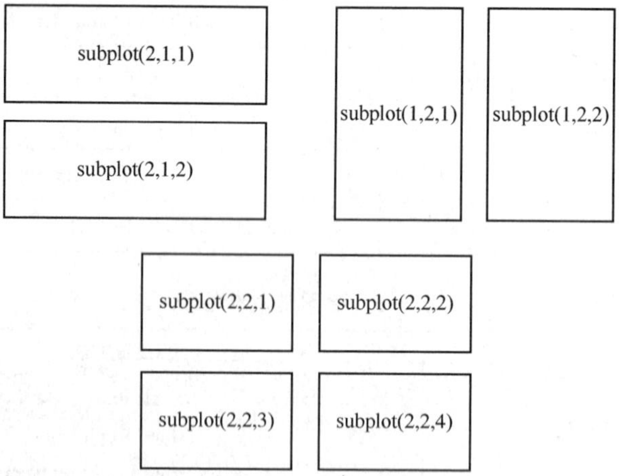

图 4-2　子图(subplot)布局示意图

```
# -*- coding: utf-8 -*-
"""
Created on Sat Oct  3 19:30:34 2020
4.1.2-1subplot.py
"""
from pylab import *
subplot(2,2,1)
xticks([]), yticks([])
text(0.5,0.5, 'subplot(2,2,1)',ha='center',va='center',size=20,alpha=.5)

subplot(2,2,2)
xticks([]), yticks([])
text(0.5,0.5, 'subplot(2,2,2)',ha='center',va='center',size=20,alpha=.5)
```

```
subplot(2,2,3)
xticks([]), yticks([])
text(0.5,0.5, 'subplot(2,2,3)',ha='center',va='center',size=20,alpha=.5)

subplot(2,2,4)
xticks([]), yticks([])
text(0.5,0.5, 'subplot(2,2,4)',ha='center',va='center',size=20,alpha=.5)
```

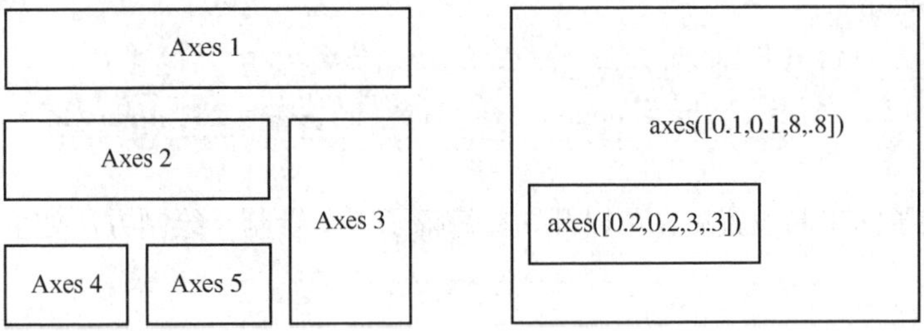

图 4-3　轴集(Axes)布局示意图

```
# -*- coding: utf-8 -*-
"""
Created on Sat Oct  3 19:30:34 2020
4.1.2-2Axesplot.py
"""
from pylab import *
import matplotlib.gridspec as gridspec

G = gridspec.GridSpec(3, 3)

axes_1 = subplot(G[0, :])
xticks([]), yticks([])
text(0.5,0.5, 'Axes 1',ha='center',va='center',size=24,alpha=.5)

axes_2 = subplot(G[1,:-1])
xticks([]), yticks([])
text(0.5,0.5, 'Axes 2',ha='center',va='center',size=24,alpha=.5)
```

```
axes_3 = subplot(G[1:, -1])
xticks([]), yticks([])
text(0.5,0.5, 'Axes 3',ha='center',va='center',size=24,alpha=.5)

axes_4 = subplot(G[-1,0])
xticks([]), yticks([])
text(0.5,0.5, 'Axes 4',ha='center',va='center',size=24,alpha=.5)

axes_5 = subplot(G[-1,-2])
xticks([]), yticks([])
text(0.5,0.5, 'Axes 5',ha='center',va='center',size=24,alpha=.5)
```

在完成子图布局设置后，可以开始在每幅子图上绘制，绘制方法如下(图 4-4 和图 4-5)：

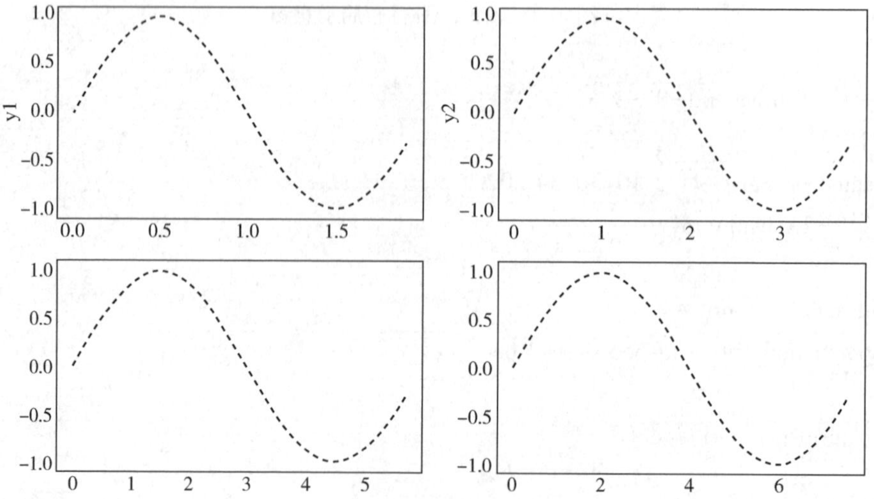

图 4-4　子图绘制方法结果

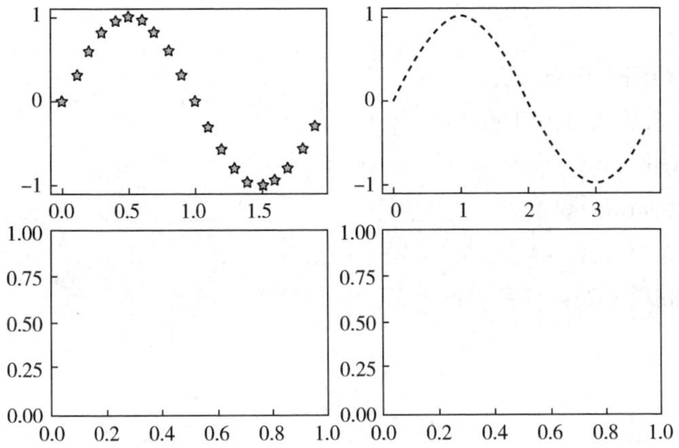

图 4-5　轴集绘制方法结果

```
# -*- coding: utf-8 -*-
"""
Created on Sat Oct  3 21:30:34 2020
4.1.2-3Sinplot.py
"""
import numpy as np
import matplotlib.pyplot as plt
t=np.arange(0.0,2.0,0.1)
s=np.sin(t*np.pi)

#方法一:subplot 绘制方法
plt.subplot(2,2,1)
plt.plot(t,s,'b--')
plt.ylabel('y1')
plt.subplot(2,2,2) #两行两列,这是第二张图
plt.plot(2*t,s,'r--')
plt.ylabel('y2')
plt.subplot(2,2,3)#两行两列,这是第三张图
plt.plot(3*t,s,'m--')
plt.subplot(2,2,4)#两行两列,这是第四张图
plt.plot(4*t,s,'k--')
plt.show()
```

```
#方法二:axes 绘制方法
t=np.arange(0.0,2.0,0.1)
s=np.sin(t*np.pi)
figure,ax=plt.subplots(2,2)
ax[0][0].plot(t,s,'r*')
ax[0][1].plot(t*2,s,'b--')
```

4.2 常用图形

Matplotlib 提供了功能丰富的绘图功能，常见图形都能在官网找到对应图件和示例代码，工作中常用图形包括表 4-6 中所示的几类。

表 4-6 中　绘图基本图表函数

绘图函数	说 明
plt.plot(x, y, fmt, …)	绘制一张坐标图
plt.boxplot(data, notch, position)	绘制一张箱形图
plt.bar(left, height, width, bottom)	绘制一张条形图
plt.barh(width, bottom, left, height)	绘制一张横向条形图
plt.polar(theta, r)	绘制极坐标图
plt.pie(data, explode)	绘制饼图
plt.psd(x, NFFT=256, pad_to, Fs)	绘制功率谱密度图
plt.specgram(x, NFFT=256, pad_to, F)	绘制谱图
plt.cohere(x, y, NFFT=256, Fs)	绘制 x-y 的相关性函数
plt.scatter(x, y)	绘制散点图，其中，x 和 y 长度相同
plt.step(x, y, where)	绘制步阶图
plt.hist(x, bins, normed)	绘制直方图
plt.contour(X, Y, Z, N)	绘制等值图
plt.vlines()	绘制垂直图
plt.plot_ date()	绘制数据日期

4.2.1 散点图

plt.scatter( )是用于研究两个变量之间关系的经典基本图，绘制方法简单，需要表现多组数据时，要调整散点类型和颜色，以达到更好的区分效果(图 4-6)。

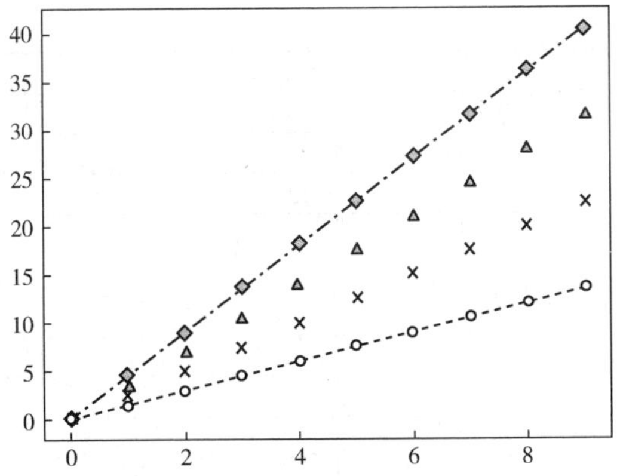

图 4-6 散点图

```
# -*- coding: utf-8 -*-
"""
Created on Sat Jan 30 18:09:31 2021
4.2.1Scatterplot.py
"""
import numpy as np
import matplotlib.pyplot as plt
a = np.arange(10)
plt.plot(a,a*1.5,'go:',a,a*2.5,'rx',a,a*3.5,'^',a,a*4.5,'bd-.')
plt.show()
```

然而颜色、线型、标记上的选择是件十分烦琐的事情，常用的表示标记方法见表 4-7。

表 4-7 颜色、线型、标记字符

颜色			
颜色字符	说明	颜色字符	说明
'b'	蓝色	'm'	洋红
'g'	绿色	'y'	黄色
'r'	红色	'k'	黑色
'c'	青色	'w'	灰白色
'#00800'	RGB 颜色	'0.8'	灰度字符串
线形			
线性	说明	线性	说明
'-'	实线	'':'	虚线

续表

颜色			
'--'	破折线	''	无线条
'-.'	点划线		
标记			
标记字符	说明	标记字符	说明
'.'	点	'1'	下花三角
','	像素点	'2'	上花三角
'o'	实心圈	'3'	左花三角
'^'	上三角	'4'	右花三角
'>'	右三角	's'	实心方形
'<'	左三角	'p'	星形
'h'	竖六边形	'x'	x 标记
'H'	横六边形	'D'	菱形
'+'	十字标记	'|'	垂直线

如图 4-7 所示为一张彩色的颜色表，应该常备在手边，在绘图前先为不同曲线配好色。

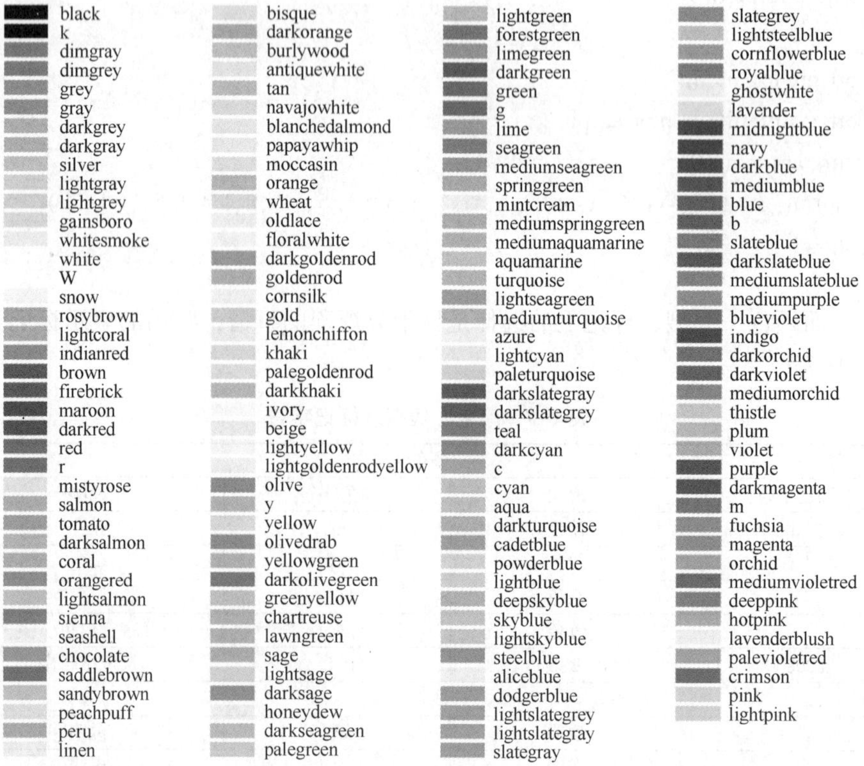

图 4-7　颜色图版

4.2.2 线形图

线形图绘制函数 plt. plot( )，使用方法与散点使用方法类似。一般散点和线型图配合使用(图 4-8 ~图 4-10)。

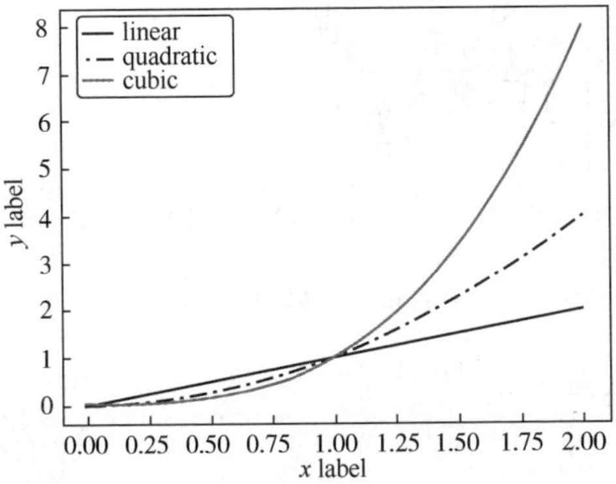

图 4-8　线形图

```
# -*- coding: utf-8 -*-
"""
Created on Tue Jan 26 00:13:30 2021
4.2.2 Line.py @author: buyahui
"""
import matplotlib.pyplot as plt
import numpy as np
x = np.linspace(0, 2, 100)
plt.plot(x, x, label='linear')
plt.plot(x, x**2, label='quadratic')
plt.plot(x, x**3, label='cubic')
plt.xlabel('x label')
plt.ylabel('y label')
plt.title("Simple Plot")
plt.legend()
    plt.show()
```

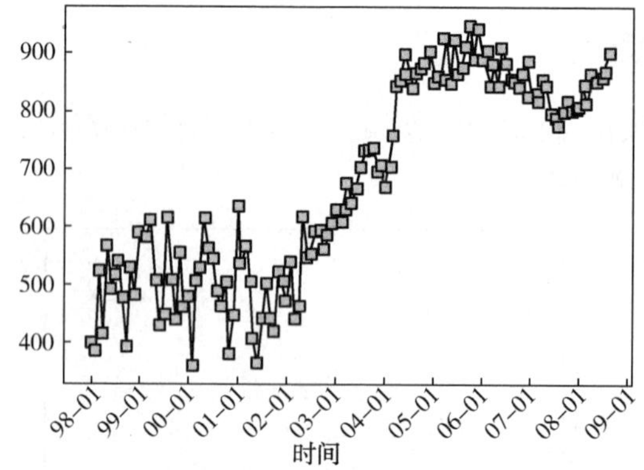

图 4-9　动液面变化曲线

```
# - * - coding: utf-8 - * -
"""
Created on 20210130
4.2.2-2Line@ author: ZhuXuan
"""
import matplotlib.pyplot as plt
import pandas as pd
import matplotlib.dates as mdates

df=pd.read_csv("4.2.2-2Line.csv")
plt.rcParams['font.sans-serif']=['SimHei'] #用来正常显示中文标签
plt.rcParams['figure.dpi']=150

df['NY']=df['NY'].astype(str)   #转化为字符串
df['NY']=df['NY'].apply(lambda x:x[0:4]+"-"+x[4:6]+"-01")   #日期格式填充齐全
df['NY']=pd.to_datetime(df['NY'])

years = mdates.YearLocator()    # every year
yearsFmt = mdates.DateFormatter('%y%m')

ax = plt.subplot() #注意:一般都在 ax 中设置,不在 plot 中设置
ax.xaxis.set_major_locator(years)
ax.xaxis.set_major_formatter(yearsFmt)
```

```
plt.plot(df['NY'], df['DYM'], 'bs-')
plt.title("XX 单元动液面变化曲线")
plt.show()
```

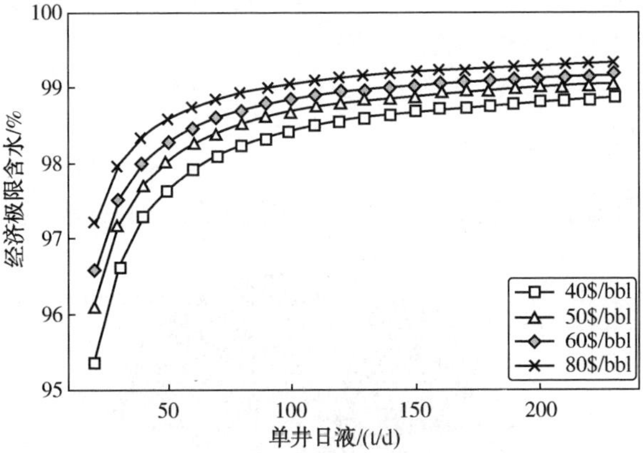

图 4-10 不同液量经济极限含水曲线

```
# -*- coding: utf-8 -*-
"""
Created on 20210130
4.2.2-3LimitWaterCut.py @author: Zhu Xuan
"""
#为方便绘图,在 csv 中将第一行删去
import matplotlib.pyplot as plt
import pandas as pd

df=pd.read_csv("4.2.2-3LimitWaterCut.csv",encoding='gbk')
plt.rcParams['font.sans-serif']=['SimHei'] #用来正常显示中文标签

plt.plot(df["日液"], df["40$/bbl"], 'gs-',label='40$/bbl')
plt.plot(df["日液"], df["50$/bbl"],'c^-', label='50$/bbl')
plt.plot(df["日液"], df["60$/bbl"], 'rD-',label='60$/bbl')
plt.plot(df["日液"], df["80$/bbl"], 'm1-',label='80$/bbl')
```

```
plt. xlabel('单井日液 t/d' )
plt. ylabel('经济极限含水 %' )
plt. title("不同液量经济极限含水")
plt. ylim(95,100)
plt. legend( )
plt. show( )
```

4.2.3 饼图

plt. pie( )饼图用于显示部分在整体中的占比情况，通常以%为单位(图 4-11)。

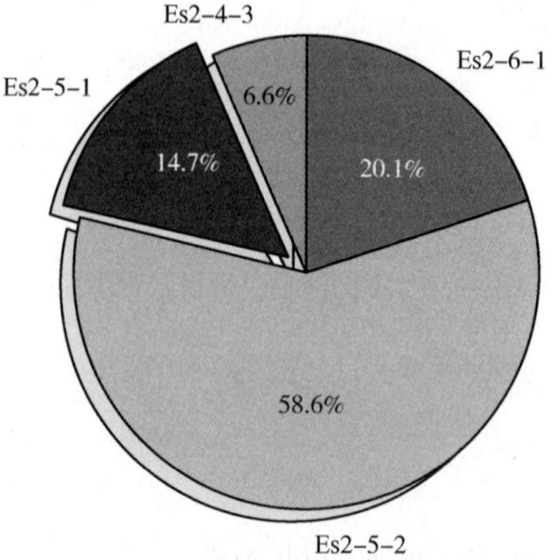

图 4-11 区块地质储量饼图

```
# - * - coding: utf-8 - * -
"""
Created on Tue Jan 26 00:13:30 2021
4. 2. 3 Pie. py    @ buyahui
"""
import matplotlib. pyplot as plt
plt. rcParams['font. sans-serif' ] = 'SimHei'
plt. rcParams['figure. dpi' ] =200
slices = [13. 9,31. 1,124,42. 5]
activities = ['Es2-4-3' ,'Es2-5-1' ,'Es2-5-2' ,'Es2-6-1' ]
cols = ['c' ,'m' ,'r' ,'b' ]
```

```
plt.pie(slices, labels=activities, colors=cols, startangle=90, shadow= True,
        explode=(0,0.1,0,0), autopct='%1.1f%%')
plt.title('XX 区块地质储量')
plt.show()
```

4.2.4 直方图

展示层间储量、产量、物性差异情况常用直方图来表示，横向排列的直方图也称为条形图，与各小层的空间位置对应，直观展示各种参数空间分布上的差异。此外，还有多类型直方图、堆叠直方图及统计直方图(图 4-12 ~图 4-18)。

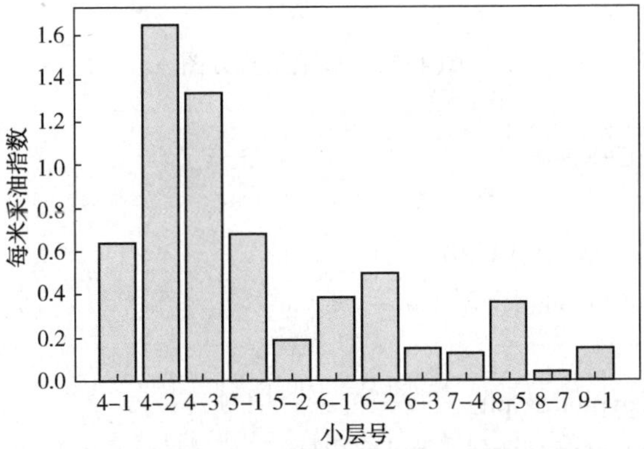

图 4-12 每米采油指数柱状图

```
# -*- coding: utf-8 -*-
"""
Created on Tue Jan 26 00:13:30 2021
4.2.4-0Hist.py @ buyahui
"""
import matplotlib.pyplot as plt
plt.rcParams['font.sans-serif'] = 'SimHei'
plt.rcParams['figure.dpi'] =200
plt.bar(['4-1','4-2','4-3','5-1','5-2','6-1','6-2','6-3','7-4','8-5',
'8-7','9-1'],[0.64,1.65,1.33,0.68,0.19,0.38,0.49,0.15,0.12,0.36,
0.04,0.15], label="采油指数",color='lime')
plt.xlabel('小层号')
plt.ylabel('每米采油指数')
plt.show()
```

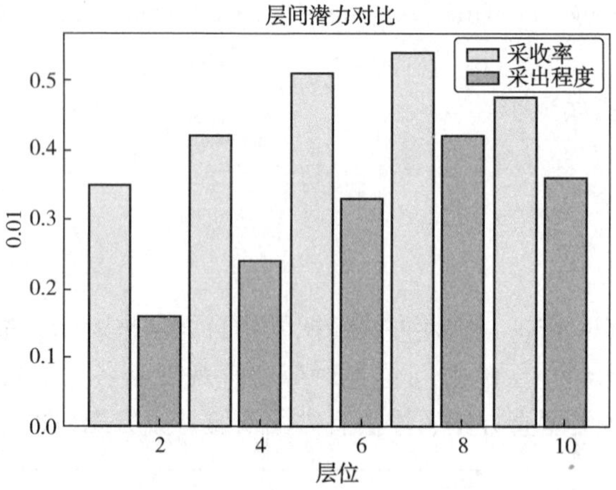

图 4-13　多类型直方图

```
# - * - coding: utf-8 - * -
"""
Created on Tue Jan 26 00:13:30 2021
4.2.4 His-1.py @ buyahui
"""
import matplotlib.pyplot as plt
plt.rcParams['font.sans-serif'] = 'SimHei'
plt.rcParams['figure.dpi'] = 200
plt.bar([1,3,5,7,9],[0.35,0.42,0.51,0.54,0.48], label="采收率",color='
coral')
plt.bar([2,4,6,8,10],[0.16,0.24,0.33,0.42,0.36], label="采出程度",
color='royalblue')
plt.legend()
plt.xlabel('层位')
plt.ylabel('0.01')
plt.title('层间潜力对比')
plt.show()
```

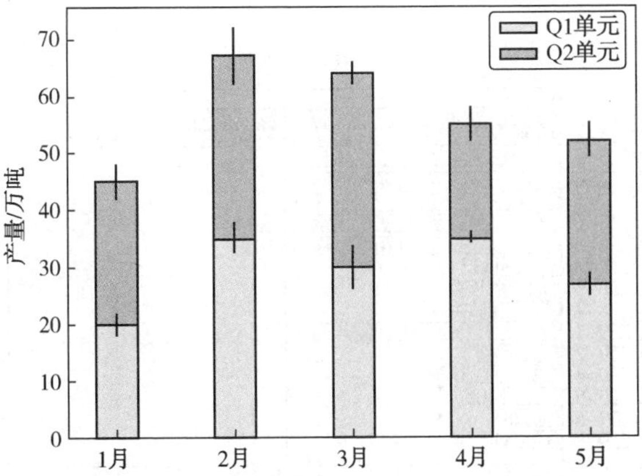

图 4-14　堆叠直方图

```
# -*- coding: utf-8 -*-
"""
Created on Tue Jan 26 00:13:30 2021
4.2.4 HisStack.py   @buyahui
"""
import matplotlib.pyplot as plt
plt.rcParams['font.sans-serif'] = 'SimHei'
plt.rcParams['figure.dpi'] =200

labels = ['1月','2月','3月','4月','5月']
Q1 = [20, 35, 30, 35, 27]
Q2= [25, 32, 34, 20, 25]
Q1_std = [2, 3, 4, 1, 2]
Q2_std = [3, 5, 2, 3, 3]
width = 0.35          #宽度
fig, ax = plt.subplots()
ax.bar(labels, Q1, width, yerr=Q1_std, label='Q1 单元')
ax.bar(labels, Q2, width, yerr=Q2_std, bottom=Q1,
        label='Q2 单元')

ax.set_ylabel('产量(万吨)')
ax.legend()
plt.show()
```

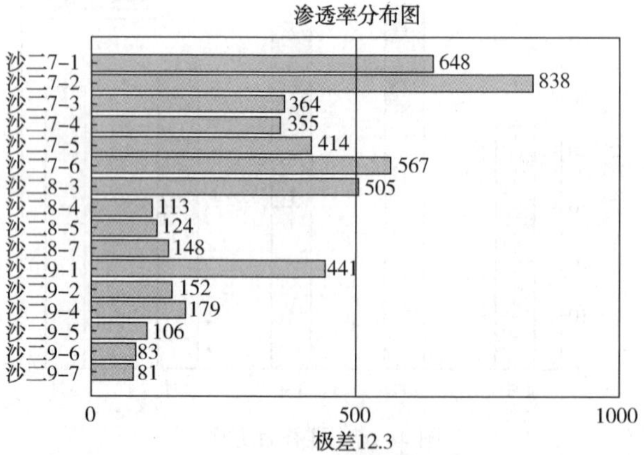

图 4-15　渗透率分布图

```
# -*- coding: utf-8 -*-
"""
Created on 20210201
4.2.4-PERM_bar.py @author: Zhu Xuan
"""
import matplotlib.pyplot as plt
from matplotlib.ticker import MultipleLocator
import numpy as np
import pandas as pd

df=pd.read_csv("4.2.4-PERM_bar.csv")
plt.rcParams['font.sans-serif']=['SimHei'] #用来正常显示中文标签

fig, ax = plt.subplots()
plt.xlim((0, 1000))
y_pos = np.arange(len(df["小层"]))
ax.barh(df['小层'], df['渗透率'], align='center',color='royalblue')
ax.set_yticks(y_pos)
ax.set_yticklabels(df['小层'])
xmajorLocator = MultipleLocator(500) #将 x 主刻度标签设置为 500 的倍数
ax.xaxis.set_major_locator(xmajorLocator)
```

```
ax. invert_yaxis( )    # labels read top-to-bottom
for y, x in enumerate( df[ '渗透率' ]. values) :
    plt. text( x+10, y+0. 2, "%s" %x)
# plt. axvline( x = 500, ls = "-", c = "black", linewidth = 0. 7) #添加垂直直线
plt. grid( axis = "x", color = "black", linestyle = '-', linewidth = 0. 7, alpha  = 0. 7)
ax. set_title( '渗透率分布图', color = "blue", fontsize = 15)
ax. set_xlabel( '极差 12. 3', color = "blue", fontsize = 15)
plt. show( )
```

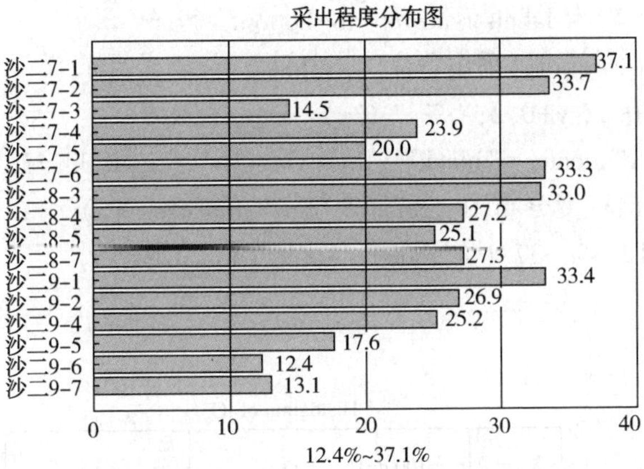

图 4-16 条形图

```
# -*- coding: utf-8 -*-
"""
Created on 20210201
4. 2. 4-Recovery_bar. py @ author: Zhu Xuan
"""
import matplotlib. pyplot as plt
from matplotlib. ticker import MultipleLocator
import numpy as np
import pandas as pd

df = pd. read_csv( "4. 2. 4-Recovery_bar. csv" )
plt. rcParams[ 'font. sans-serif' ] = [ 'SimHei' ] #用来正常显示中文标签
```

```
fig, ax = plt. subplots( )
plt. xlim( (0, 40) )
y_pos = np. arange( len( df[ "小层" ] ) )
ax. barh( df[ '小层' ], df[ '采出程度' ], align=' center' ,color=' red' )
ax. set_yticks( y_pos)
ax. set_yticklabels( df[ '小层' ] )
xmajorLocator = MultipleLocator( 10) #将 x 主刻度标签设置为 10 的倍数
ax. xaxis. set_major_locator( xmajorLocator)
ax. invert_yaxis( )  # labels read top-to-bottom
for y, x in enumerate( df[ '采出程度' ]. values):
    plt. text( x+0. 1, y+0. 2, "%s" %x)
plt. grid( axis="x", color="black", linestyle="-", linewidth=0. 7,alpha =0. 7)
ax. set_title(' 采出程度分布图' ,color="blue" ,fontsize=15)
ax. set_xlabel(' 12. 4%-37. 1%' ,color="blue" ,fontsize=15)
plt. show( )
```

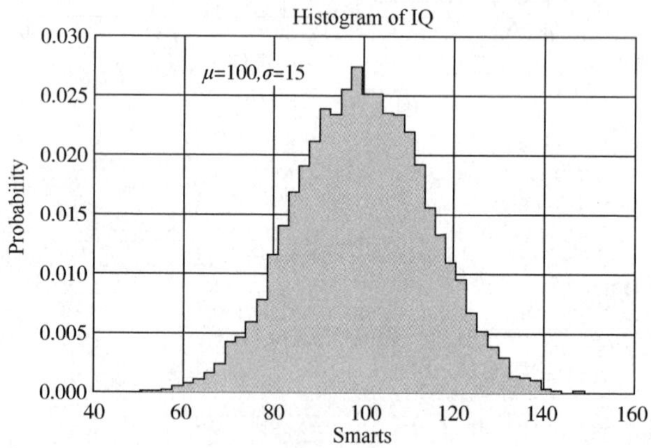

图 4-17　统计分布直方图

```
# -*- coding: utf-8 -*-
"""
Created on Tue Jan 26 00:13:30 2021
4. 2. 3 Hist. pyMatplotlib 官方网站例子
```

```
"""
import numpy as np
import matplotlib.pyplot as plt
np.random.seed(19680801)
mu, sigma = 100, 15
x = mu + sigma * np.random.randn(10000)
# the histogram of the data
n, bins, patches = plt.hist(x, 50, density=True, facecolor='g', alpha=0.75)
plt.xlabel('Smarts')
plt.ylabel('Probability')
plt.title('Histogram of IQ')
plt.text(60, .025, r'$\\mu=100,\\ \\sigma=15$')
plt.xlim(40, 160)
plt.ylim(0, 0.03)
plt.grid(True)
plt.show()
```

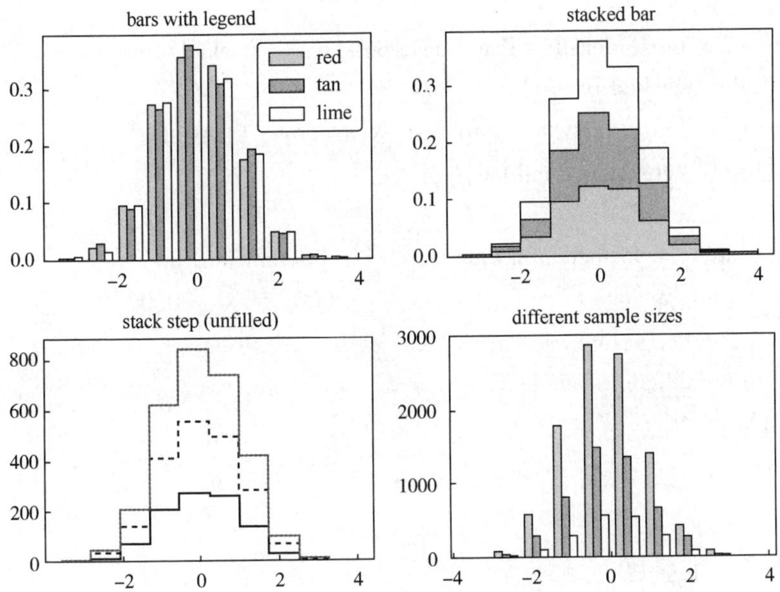

图 4-18　多种统计分布直方图

```
# -*- coding: utf-8 -*-
"""
Created on Tue Jan 26 00:13:30 2021
4.2.4-4MultiHist.py
"""
import numpy as np
import matplotlib.pyplot as plt
np.random.seed(19680801)
n_bins = 10
x = np.random.randn(1000, 3)

fig, ((ax0, ax1), (ax2, ax3)) = plt.subplots(nrows=2, ncols=2)

colors = ['red', 'tan', 'lime']
ax0.hist(x, n_bins, density=True, histtype='bar', color=colors, label=colors)
ax0.legend(prop={'size': 10})
ax0.set_title('bars with legend')

ax1.hist(x, n_bins, density=True, histtype='bar', stacked=True)
ax1.set_title('stacked bar')
ax2.hist(x, n_bins, histtype='step', stacked=True, fill=False)
ax2.set_title('stack step (unfilled)')

# Make a multiple-histogram of data-sets with different length.
x_multi = [np.random.randn(n) for n in [10000, 5000, 2000]]
ax3.hist(x_multi, n_bins, histtype='bar')
ax3.set_title('different sample sizes')
fig.tight_layout()
plt.show()
```

4.2.5 堆叠图

堆叠柱形图是柱状图的变形，拥有更多维度的表现力。柱形图的最大特点就是一目了然、清晰可见，而堆叠柱形图不仅可以清晰地比较某一个维度数据中不同类型数据之间的差异，还可以比较总数的差别。常用来绘制不同油藏类型的产量随时间变化的情况，直观展示不同油藏类型的产量构成(图4-19)。

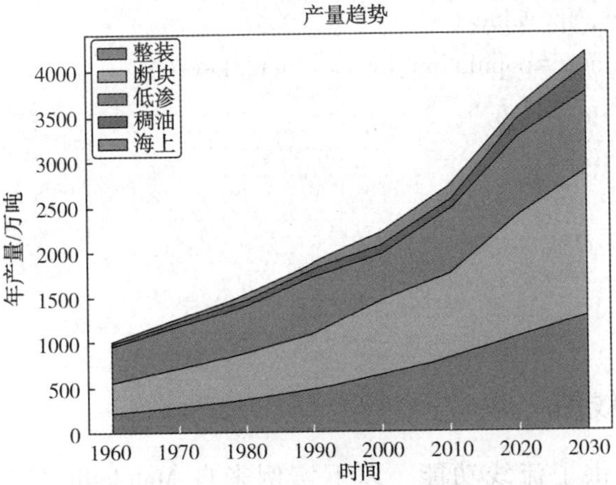

图4-19 堆叠柱形图

```
# -*- coding: utf-8 -*-
"""
Created on Tue Jan 26 00:13:30 2021
4.2.5 Stack.py
"""
import numpy as np
import matplotlib.pyplot as plt
plt.rcParams['font.sans-serif'] = 'SimHei'
plt.rcParams['figure.dpi']=200

year = [1960,1970, 1980, 1990, 2000, 2010, 2020,2030]
Np= {
    '整装':[228, 284, 365, 477, 631, 814, 1044, 1275],
    '断块':[340, 425, 519, 619, 827, 940, 1343, 1606],
    '低渗':[394, 486, 520, 625, 502, 714, 869, 860],
    '稠油':[20, 53, 76, 95, 110, 103, 194, 293],
    '海上':[18, 35, 56, 68, 136, 144, 156, 169],
}
```

```
fig, ax = plt. subplots( )
ax. stackplot( year, Np. values( ),
              labels=population_by_continent. keys( ) )
ax. legend( loc='upper left' )
ax. set_title( '产量趋势' )
ax. set_xlabel( '年' )
ax. set_ylabel( '年产量（万吨)' )
plt. show( )
```

4.2.6 流线图

Matplotlib 提供了流线功能，以下实例来自 Matplotlib 官网提供的绘制方法(图 4-20)。

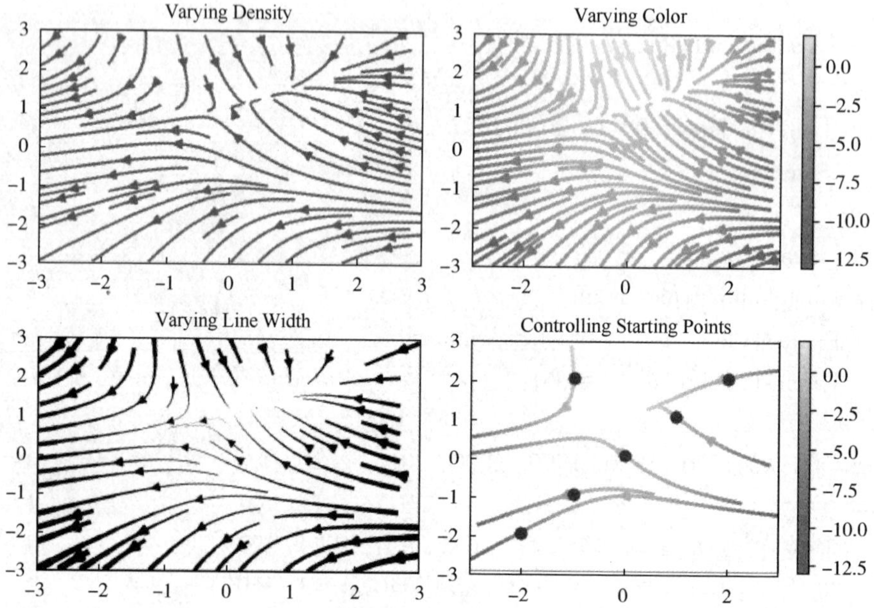

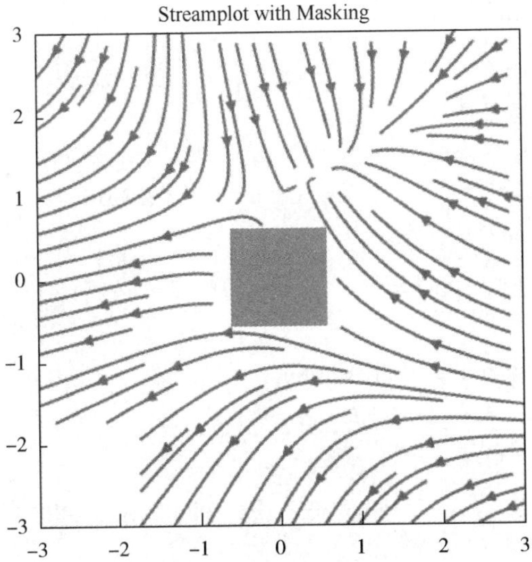

图 4-20 流线图

```
# -*- coding: utf-8 -*-
"""
Created on Sat Jan 23 09:39:10 2021   Matplotlib 官方网站例子
"""
import numpy as np
import matplotlib.pyplot as plt
import matplotlib.gridspec as gridspec
w = 3
Y, X = np.mgrid[-w:w:100j, -w:w:100j]
U = -1 - X**2 + Y
V = 1 + X - Y**2
speed = np.sqrt(U**2 + V**2)

fig = plt.figure(figsize=(7, 9))
gs = gridspec.GridSpec(nrows=3, ncols=2, height_ratios=[1, 1, 2])

#  Varying density along a streamline
ax0 = fig.add_subplot(gs[0, 0])
ax0.streamplot(X, Y, U, V, density=[0.5, 1])
```

```
ax0.set_title('Varying Density')

# Varying color along a streamline
ax1 = fig.add_subplot(gs[0, 1])
strm = ax1.streamplot(X, Y, U, V, color=U, linewidth=2, cmap='autumn')
fig.colorbar(strm.lines)
ax1.set_title('Varying Color')

#  Varying line width along a streamline
ax2 = fig.add_subplot(gs[1, 0])
lw = 5 * speed / speed.max()
ax2.streamplot(X, Y, U, V, density=0.6, color='k', linewidth=lw)
ax2.set_title('Varying Line Width')

# Controlling the starting points of the streamlines
seed_points = np.array([[-2, -1, 0, 1, 2, -1], [-2, -1,  0, 1, 2, 2]])

ax3 = fig.add_subplot(gs[1, 1])
strm = ax3.streamplot(X, Y, U, V, color=U, linewidth=2,
                      cmap='autumn', start_points=seed_points.T)
fig.colorbar(strm.lines)
ax3.set_title('Controlling Starting Points')

# Displaying the starting points with blue symbols.
ax3.plot(seed_points[0], seed_points[1], 'bo')
ax3.set(xlim=(-w, w), ylim=(-w, w))

# Create a mask
mask = np.zeros(U.shape, dtype=bool)
mask[40:60, 40:60] = True
U[:20, :20] = np.nan
U = np.ma.array(U, mask=mask)

ax4 = fig.add_subplot(gs[2:, :])
```

```
ax4.streamplot(X, Y, U, V, color='r')
ax4.set_title('Streamplot with Masking')

ax4.imshow(~mask, extent=(-w, w, -w, w), alpha=0.5, cmap='gray', aspect
='auto')
ax4.set_aspect('equal')

plt.tight_layout()
plt.show()
```

4.3 相关图及密度图

4.3.1 相关性分析图

相关图用于直观地查看给定数据之间的相关度量，结合颜色深浅或数值大小直观表现某两个因素之间相关性强弱(图 4-21)。

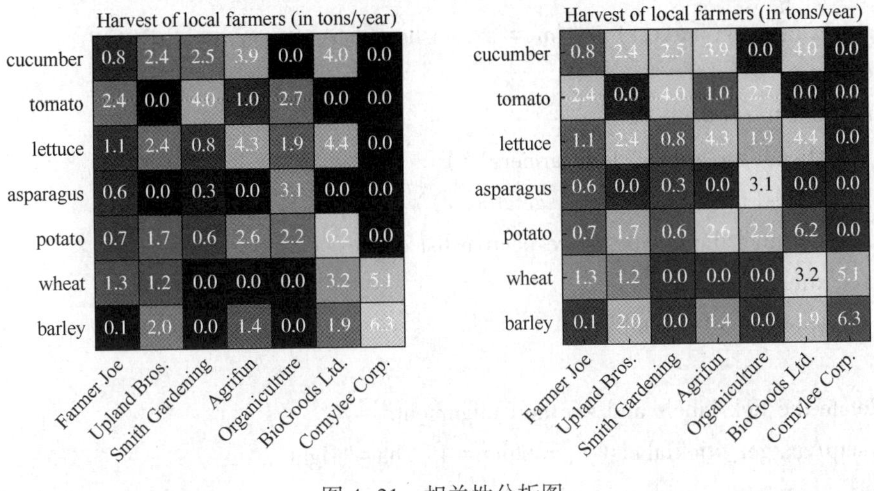

图 4-21 相关性分析图

```
# -*- coding: utf-8 -*-
"""
Created on Mon Jan 15 23:53:59 2020
4.3.1-1Correlation1.py
```

```
"""
import numpy as np
import matplotlib
import matplotlib.pyplot as plt

vegetables = ["cucumber", "tomato", "lettuce", "asparagus",
              "potato", "wheat", "barley"]
farmers = ["Farmer Joe", "Upland Bros.", "Smith Gardening",
           "Agrifun", "Organiculture", "BioGoods Ltd.", "Cornylee Corp."]

harvest = np.array([[0.8, 2.4, 2.5, 3.9, 0.0, 4.0, 0.0],
                    [2.4, 0.0, 4.0, 1.0, 2.7, 0.0, 0.0],
                    [1.1, 2.4, 0.8, 4.3, 1.9, 4.4, 0.0],
                    [0.6, 0.0, 0.3, 0.0, 3.1, 0.0, 0.0],
                    [0.7, 1.7, 0.6, 2.6, 2.2, 6.2, 0.0],
                    [1.3, 1.2, 0.0, 0.0, 0.0, 3.2, 5.1],
                    [0.1, 2.0, 0.0, 1.4, 0.0, 1.9, 6.3]])
fig, ax = plt.subplots()
im = ax.imshow(harvest)   # im = ax.imshow(harvest,cmap='RdYlGn')

# We want to show all ticks...
ax.set_xticks(np.arange(len(farmers)))
ax.set_yticks(np.arange(len(vegetables)))
# ... and label them with the respective list entries
ax.set_xticklabels(farmers)
ax.set_yticklabels(vegetables)

# Rotate the tick labels and set their alignment.
plt.setp(ax.get_xticklabels(), rotation=45, ha="right",
         rotation_mode="anchor")

# Loop over data dimensions and create text annotations.
for i in range(len(vegetables)):
    for j in range(len(farmers)):
```

```
        text = ax.text(j, i, harvest[i, j],
                        ha="center", va="center", color="w")

ax.set_title("Harvest of local farmers (in tons/year)")
fig.tight_layout()
plt.show()
```

矩阵图成对图是探索性分析中的最爱，以理解所有可能的数字变量对之间的关系。它是双变量分析的必备工具。以下使用机器学习 iris 数据集绘制密度图。

```
# -*- coding: utf-8 -*-
"""
Created on Mon Jan 25 23:55:39 2021
4.3.1-1Correlation2.py
"""
import seaborn as sns
import matplotlib.pyplot as plt
import pandas as pd

df = pd.read_csv("iris.csv") #加载数据
plt.figure(figsize=(10,8), dpi= 80) #做图

#类型 1
sns.pairplot(df, kind="scatter", hue="species", plot_kws=dict(s=80, edgecolor
="white", linewidth=2.5))

#类型 2
#sns.pairplot(df, kind="reg", hue="species")
plt.show()
```

面积图通过对轴和线之间的区域进行着色，区域图不仅强调峰值和低谷，而且还强调高点和低点的持续时间。高点持续时间越长，线下面积越大(图 4-22 和图 4-23)。

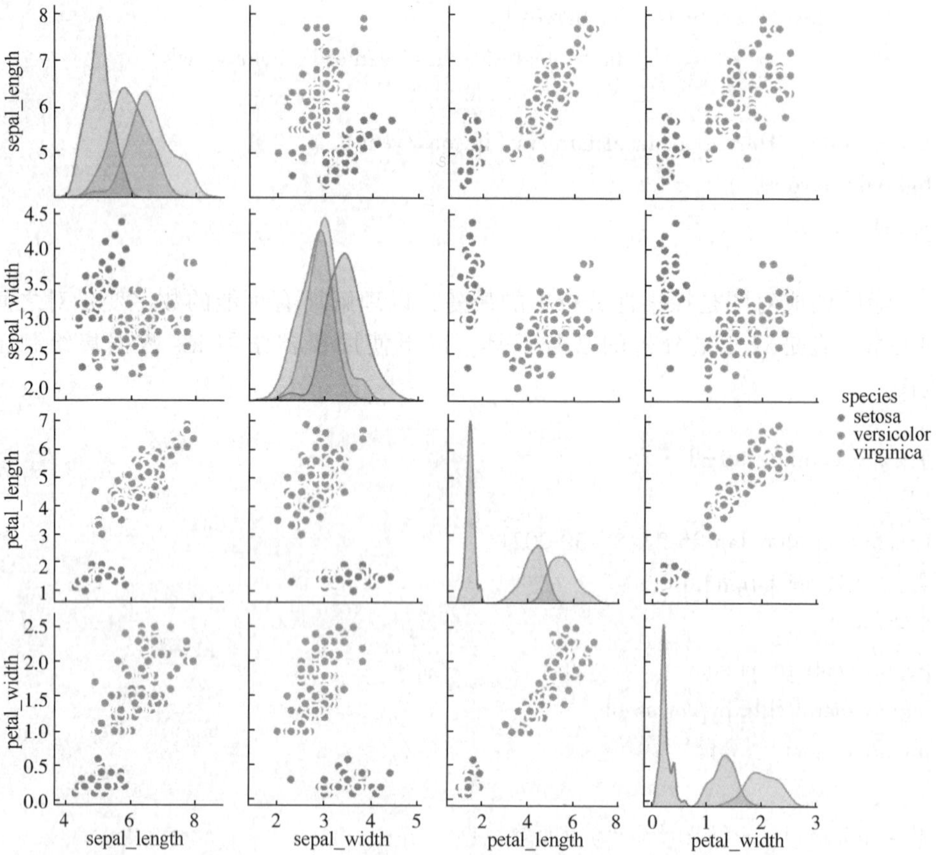

图 4-22　矩阵图成对图 1

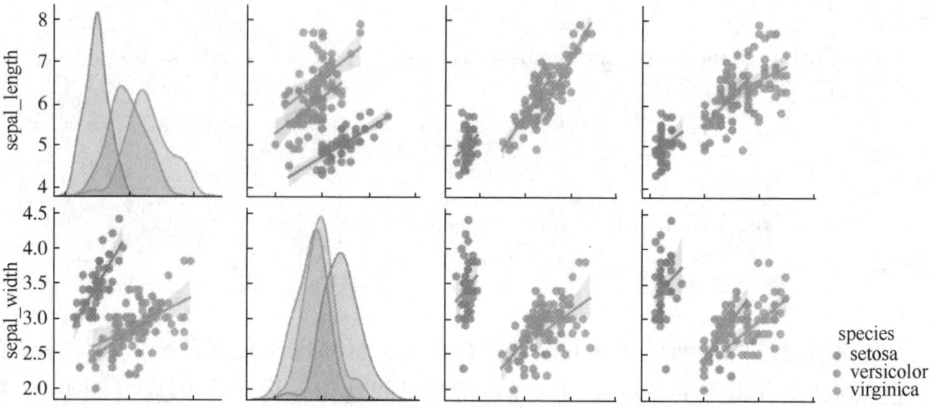

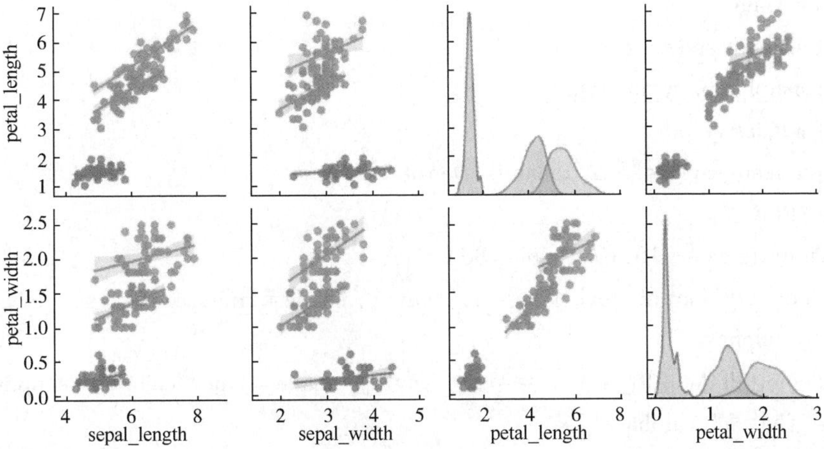

图 4-23 矩阵图成对图 2

4.3.2 概率密度图

密度图是一种常用工具，可视化连续变量的分布。通过“响应”变量对它们进行分组，读者可以检查 x 和 y 之间的关系。图 4-24 描述了城市里程的分布如何随着汽缸数的变化而变化。

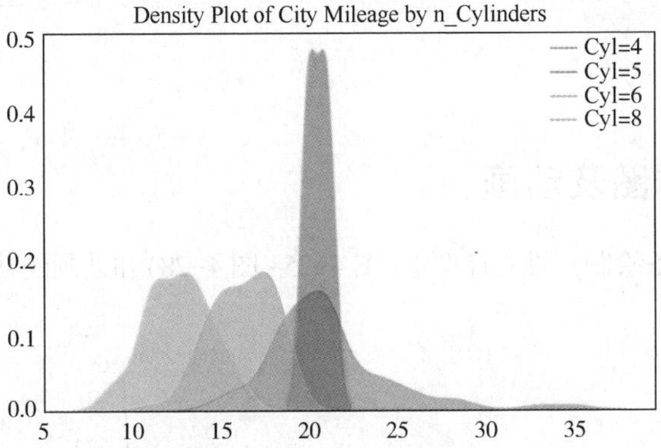

图 4-24 概率密度图

```
# -*- coding: utf-8 -*-
"""
Created on Tue Jan 26 00:06:49 2021
4.3.2ProbabilityDensit.py @author: buyahui
"""
```

```
# Import Data
import seaborn as sns
import matplotlib. pyplot as plt
import pandas as pd
df = pd. read_csv( "4. 3. 2ProbabilityDensit. csv" )
# Draw Plot
plt. figure( figsize=(16,10), dpi= 80)
sns. kdeplot( df. loc[ df['cyl'] == 4, "cty"], shade=True, color="g", label="
Cyl=4", alpha=.7)
sns. kdeplot( df. loc[ df['cyl'] == 5, "cty"], shade=True, color="deeppink",
label="Cyl=5", alpha=.7)
sns. kdeplot( df. loc[ df['cyl'] == 6, "cty"], shade=True, color="dodgerblue",
label="Cyl=6", alpha=.7)
sns. kdeplot( df. loc[ df['cyl'] == 8, "cty"], shade=True, color="orange",
label="Cyl=8", alpha=.7)

# Decoration
plt. title('Density Plot of City Mileage by n_Cylinders', fontsize=22)
plt. legend()
```

4.4 立体图及动画

Matplotlib 具备绘制三维立体图形(图 4-25~图 4-28)和动画的功能(图 4-29)。

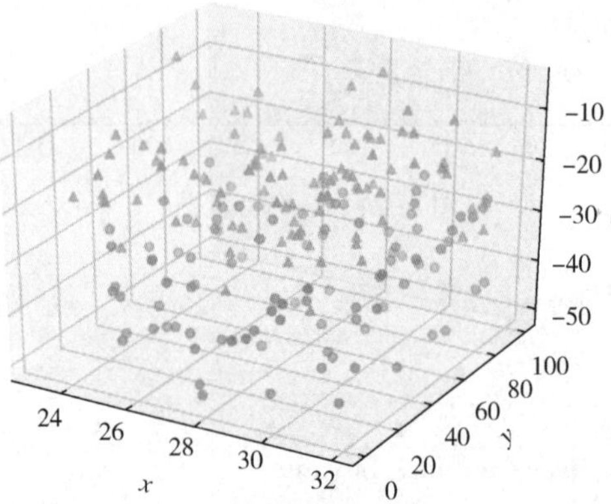

图 4-25　立体图

4.4.1 立体图

```
# - * - coding: utf-8 - * -
"""
Created on Sat Jan 30 20:40:53 2021
4.4.1-1 Scatter3D@ author: Byh
"""
import matplotlib.pyplot as plt
import numpy as np
np.random.seed(19680801) #随机数种子

def randrange(n, vmin, vmax):
    return (vmax - vmin) * np.random.rand(n) + vmin

fig = plt.figure( )
ax = fig.add_subplot(111, projection='3d')
n = 100
for m, zlow, zhigh in [('o', -50, -25), ('^', -30, -5)]:
    xs = randrange(n, 23, 32)
    ys = randrange(n, 0, 100)
    zs = randrange(n, zlow, zhigh)
    ax.scatter(xs, ys, zs, marker=m)

ax.set_xlabel('X Label')
ax.set_ylabel('Y Label')
ax.set_zlabel('Z Label')

plt.show( )
```

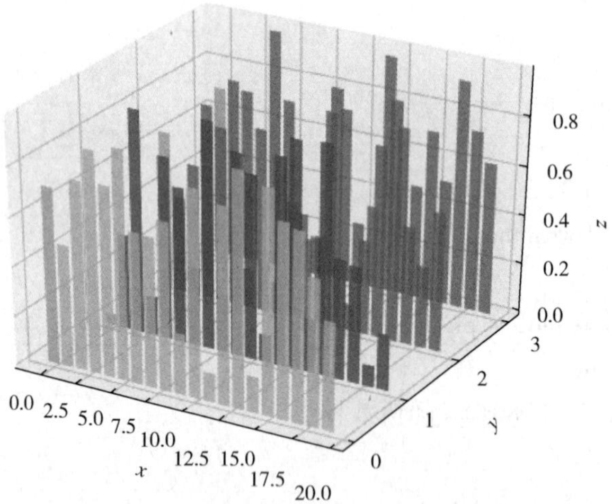

图 4-26　三维柱状图

```
# -*- coding: utf-8 -*-
"""
Created on Sat Jan 30 20:42:46 2021
4.4.1-2Bar3D @author: Byh
"""
import matplotlib.pyplot as plt
import numpy as np

np.random.seed(19680801)

fig = plt.figure()
ax = fig.add_subplot(111, projection='3d')
colors = ['r', 'g', 'b', 'y']
yticks = [3, 2, 1, 0]
for c, k in zip(colors, yticks):

    xs = np.arange(20)
    ys = np.random.rand(20)
    cs = [c] * len(xs)
    cs[0] = 'c'
```

```
    ax.bar(xs, ys, zs=k, zdir='y', color=cs, alpha=0.8)
ax.set_xlabel('x')
ax.set_ylabel('y')
ax.set_zlabel('z')
ax.set_yticks(yticks)
plt.show()
```

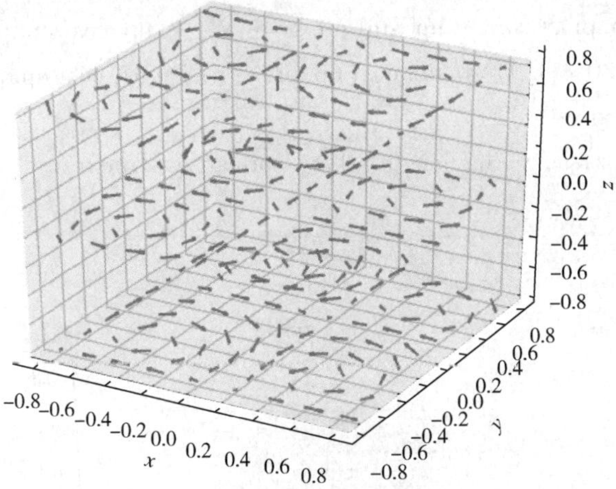

图 4-27 三维向量图

```
# -*- coding: utf-8 -*-
"""
Created on Tue Jan 26 00:06:49 2021
4.4.1-3Quiver3D.py
"""

from mpl_toolkits.mplot3d import Axes3D
import matplotlib.pyplot as plt
import numpy as np

fig = plt.figure()
ax = fig.gca(projection='3d')

#h 划分 网格
```

```
x, y, z = np.meshgrid(np.arange(-0.8, 1, 0.2),
                      np.arange(-0.8, 1, 0.2),
                      np.arange(-0.8, 1, 0.8))

# Make the direction data for the arrows
u = np.sin(np.pi * x) * np.cos(np.pi * y) * np.cos(np.pi * z)
v = -np.cos(np.pi * x) * np.sin(np.pi * y) * np.cos(np.pi * z)
w = (np.sqrt(2.0 / 3.0) * np.cos(np.pi * x) * np.cos(np.pi * y) *
     np.sin(np.pi * z))
ax.quiver(x, y, z, u, v, w, length=0.1, normalize=True)
plt.show()
```

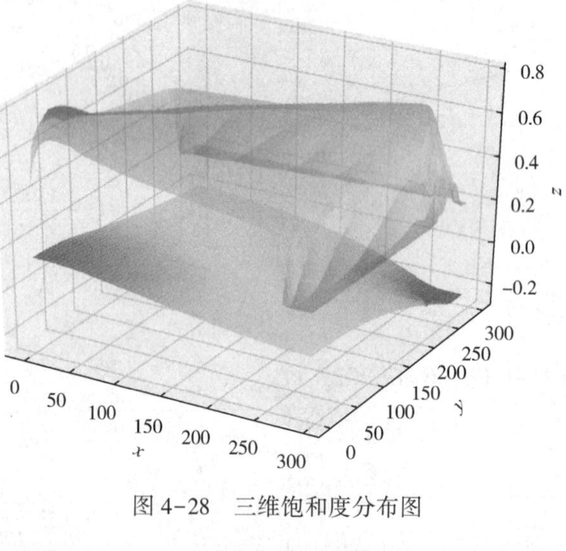

图 4-28　三维饱和度分布图

```
# -*- coding: utf-8 -*-
"""
Created on Fri Nov  1 08:49:05 2019
4.4.1-4Sw.py @author: buyahui
"""
import  matplotlib.font_manager as fm
import matplotlib.pyplot as plt
```

```
import numpy as np
from mpl_toolkits. mplot3d import Axes3D   #绘制 3D 图形

fig=plt. figure( ) #创建一张图片
ax3d=Axes3D(fig)
#三个轴  x y z
dx=5
x=np. arange(0,300,dx)
y=np. arange(0,300,dx)
data=np. loadtxt("Sw. csv",delimiter=",",usecols=(3))
Sw=data. reshape(60,60)
data=np. loadtxt("Sw. csv",delimiter=",",usecols=(2))
P=data. reshape(60,60)
P=P-P. mean( )
x,y=np. meshgrid(x,y)

ax3d. plot_surface(x,y,P * 10,rstride=1,cstride=1,cmap=plt. cm. rainbow,alpha
=1)
ax3d. plot_surface(x,y,Sw,rstride=1,cstride=1,cmap=plt. cm. rainbow_r,alpha=
0. 5)
```

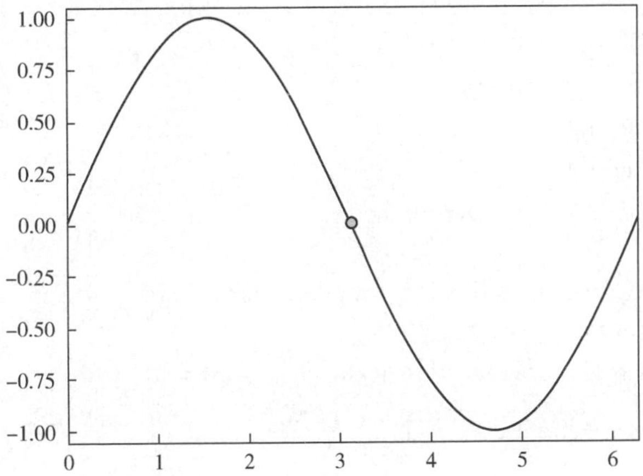

图 4-29　正弦曲线动画

4.4.2 动画

```
# -*- coding: utf-8 -*-
"""
Created on Mon Jan 25 23:33:30 2021
4.4.2-SinAnimation.py @author: buyahui
"""

import numpy as np
import matplotlib.pyplot as plt
from matplotlib import animation

fig, ax = plt.subplots( )
x = np.linspace(0, 2 * np.pi, 200)
y = np.sin(x)
l = ax.plot(x, y)
dot, = ax.plot([], [], 'ro')

def init():
    ax.set_xlim(0, 2 * np.pi)
    ax.set_ylim(-1.05, 1.05)
    return l

def gen_dot( ):
    for i in np.linspace(0, 2 * np.pi, 200):
        newdot = [i, np.sin(i)]
        yield newdot
def update_dot(newd):
    dot.set_data(newd[0], newd[1])
    return dot
ani = animation.FuncAnimation(fig, update_dot, frames = gen_dot, interval = 
200, init_func=init)
ani.save('sin_dot.gif', writer='imagemagick', fps=30)
plt.show()
```

4.5 第三方软件

学了 Python 要学会“偷懒”，直接写代码操作 Office，直接调用 Excel 作图就是好办法。

4.5.1 Excel

可视化是个专门的模块，Python 的作用是充当一个转接口。有些单位有自己的固定制图习惯，用 Python 制的图不一定获得认可，这时候需要 Python 充当数据桥梁，直接写代码在第三方软件中作图。用 Python 做一个简单图形，利用交互式方法进行图片调整，使其更美观。本节简单介绍操作 Excel 作图(图 4-30)。

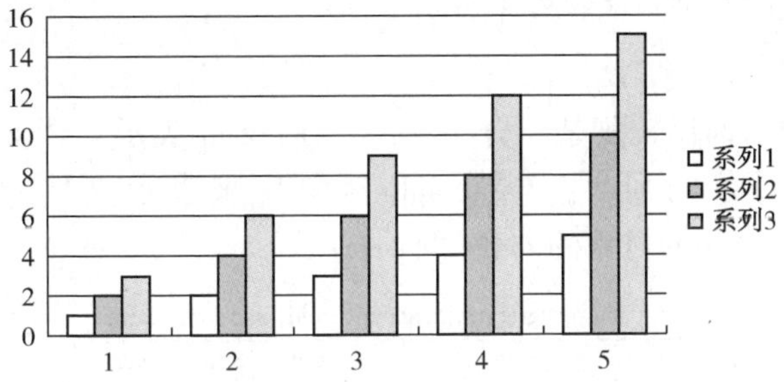

图 4-30 调用 Excel 作图

```
# -*- coding: utf-8 -*-
"""
Created on Sun Jul 26 08:27:11 2020
4.5.1-ExcelDraw.py @author: Byh
操作方法 https://www.pythonexcel.com/openpyxl-load-workbook-function.php
"""
from openpyxl import load_workbook
from openpyxl.chart import LineChart, Reference
workbook = load_workbook(filename = 'data.xlsx')
sheet = workbook.active
chart = LineChart()
data = Reference(worksheet=sheet, min_row=2, max_row=3,min_col=1,max_col
=13)
categories = Reference(sheet, min_row=1,min_col=2,max_col=13)
```

```
chart. add_data( data,from_rows=True,titles_from_data=True)
chart. set_categories( categories)
sheet. add_chart( chart,' F50' )
workbook. save( ' data1. xlsx' )
```

4. 5. 2　Word

自从学会用 Python-docx 模块，Word 也有种想用 Python 写的冲动。简单重复的工作完全可以生成一个 word 模板。注意该模块可以在不安装 office 的条件下使用，也就说生成一个独立的 docx 文件，而不是操作 word 自带的 vba。使用前一定安装该模块，如不会安装可参考第 1 章。

1. 基础知识

docx 文件的结构比较复杂，分为三层：Docment 表示整个文档；Docment 包含了 Paragraph 对象的列表，Paragraph 对象用来表示文档中的段落；一个 Paragraph 对象包含 Run 对象的列表(图 4-31)。

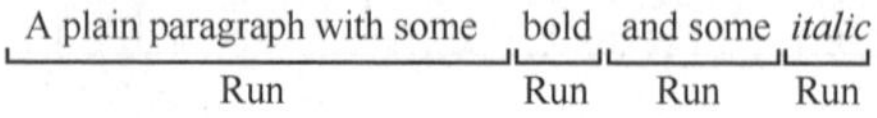

图 4-31　word 文件格式

Word 里面的文本不只是包含了字符串，还有字号、字体、颜色等等属性，都包含在 style 中。一个 Run 对象就是 style 相同的一段文本，新建一个 Run 就有新的 style。该模块所有的高级操作都可以在官方网站上找到。

2. 写文档

```
# -*- coding: utf-8 -*-
"""
Created on 2017/11/25
4. 5. 2ResReportDoc. py @  author:Buyahui
#http://python-docx. readthedocs. io/en/latest/
"""
from docx import Document
from docx. shared import Pt
from docx. shared import Inches
from docx. oxml. ns import qn
from docx. enum. text import WD_ALIGN_PARAGRAPH
```

```
from docx.shared import RGBColor
#打开文档
document = Document( )
#数据文档标题,最高级别
h=document.add_heading('',0)      #先写入一个空标题
h.alignment = WD_ALIGN_PARAGRAPH.CENTER  #标题居中
run = h.add_run('XX 油田开发研究报告 2020')

#设置字号
run.font.size = Pt(22)
#小一 24,二号 22,三号-16 磅,四号-14 磅 ,小四 12,五号 10.5
#设置西文字体
run.font.name='Times New Roman'
run.font.bold=True
run.font.color.rgb=RGBColor(205,0,0)
#RGB 颜色对照表 http://tool.oschina.net/commons? type=3

#设置中文字体
r = run.element
r.rPr.rFonts.set(qn('w:eastAsia'), u'黑体')

#向 docx 里面写入段落
p = document.add_paragraph()
p.alignment = WD_ALIGN_PARAGRAPH.RIGHT
p.paragraph_format.space_before = Pt(0)
p.paragraph_format.space_after = Pt(0)
p.paragraph_format.line_spacing = 1.25
run = p.add_run('编写单位:XX 研究室')
run.font.name = 'Times New Roman'

#设置中文字体
run.font.name=u'宋体'
r = run.element
r.rPr.rFonts.set(qn('w:eastAsia'), u'宋体')
```

```
import datetime
now_time=datetime.datetime.now().strftime('%Y/%m/%d %H:%M')
p = document.add_paragraph()
p.alignment = WD_ALIGN_PARAGRAPH.RIGHT
run = p.add_run('时间：'+ now_time)
run.font.name=u'宋体'
r = run.element
r.rPr.rFonts.set(qn('w:eastAsia'), u'宋体')

#设置英文字体
p = document.add_paragraph()
#p.line_spacing_rule = WD_LINE_SPACING.ONE_POINT_FIVE
p.paragraph_format.space_before = Pt(0)
p.paragraph_format.space_after = Pt(0)
p.paragraph_format.line_spacing = 1.25

#paragraph_format.line_spacing = Pt(18)
run = p.add_run('Set Font,wfasfasf')
run.font.name = 'Times New Roman'
#加入图片
document.add_picture('1111.png', width=Inches(5))
document.add_page_break()
p = document.add_paragraph()
run = p.add_run('目录：')
run.font.name=u'宋体'
r = run.element
r.rPr.rFonts.set(qn('w:eastAsia'), u'宋体')

##加入表格,添加内容
table = document.add_table(rows=1, cols=3)
hdr_cells = table.rows[0].cells
hdr_cells[0].text = 'Qty'
hdr_cells[1].text = 'Id'
```

```
hdr_cells[2].text = 'Desc'
document.add_heading('1. 开发概况',1)      #先写入一个空标题
document.add_heading('地质特征',2)      #先写入一个空标题
document.add_heading('生产动态',2)      #先写入一个空标题
document.add_heading('2. 问题矛盾',1)      #先写入一个空标题
document.add_heading('动态曲线',2)      #先写入一个空标题
document.save('XX 油田开发研究报告.docx')
```

第5章 应用实例

本章主介绍几个日常工作中的应用实例，通过融会贯通前章所学知识，提高解决实际问题的综合能力。内容涵盖数据处理、图件绘制、理论计算、数值模拟等。学会用好这些代码，熟悉解决问题的套路，记忆有价值的代码片段，通过不断修改、完善，逐渐积累属于自己的代码库。遇到新问题时，应尽可能分解转化为熟悉的问题，复制自己相对成熟的代码，以提高程序开发的效率。

5.1 数据处理

在工作中会遇到大量数据处理的基础工作，简单的功能几乎被 Pandas 包揽，较复杂的可以将多个模块拼接自主开发。

5.1.1 插值拉齐

数据的插值与对齐处理，适合以下情况使用：生产曲线或实验测试数据点稀少，加密数据曲线平滑；或者多个数值模拟结果时间步不整齐，通过插值计算获得规整的数据。

主要包括四个步骤：①NumPy 读取待插值数据 input_ data. csv。②调用 SciPy 插值函数 interpolate. interp1d。③ Matplot 绘图，查看生成数据质量。④NumPy 保存新数据到文件 output_data. csv。散点为原始数据点，蓝色线为插值加密后的曲线(图 5-1)。

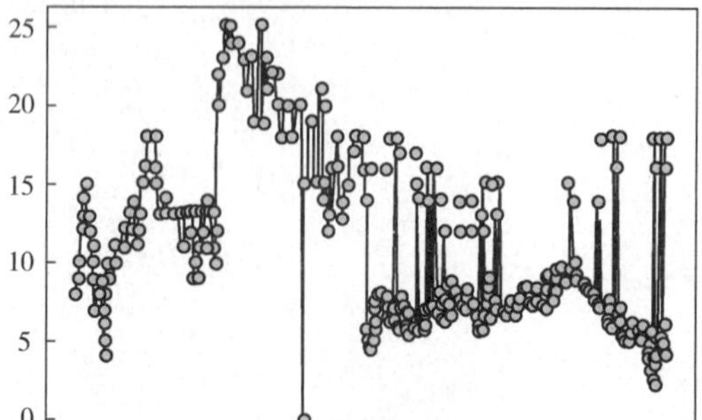

图 5-1　数据插值

```
# -*- coding: utf-8 -*-
"""
Created on Tue Feb 19 13:59:53 2018
5.1.1DataInfill andAlign.py @ author:Buyahui
function:在代码*.py所在当前文件夹下,读入数据input_data.csv文件,取最大最小值,中间数据加密到Num
Info:数据的插值与对齐处理,适合以下情况使用
(1)生产曲线或实验测试数据点稀少,加密数据点,曲线平滑
(2)数值模拟Summary输出结果长短不齐,处理后方便分析
(3)生产曲线加密到每天,叠加后代替积分运算
"""
import numpy as np
from scipy import interpolate
import pylab as pl
Num=500    #预设插值的点数,例如初始值100个点,新值500个点

#加载指定文件指定列的数据
x,y=np.loadtxt("input_data.csv",delimiter=",",usecols=(0,1),unpack=True)
pl.plot(x,y,"ro")  #绘制老数据
f=interpolate.interp1d(x,y,kind="nearest")  #调用插值函数,拟合出函数f
x_min=min(x)  #获取原始数据的最小值
x_max=max(x)  #获取原始数据的最小值
xnew=np.linspace(x_min,x_max,Num)  #等间距线性插值
ynew=f(xnew)  #调用函数计算新数据

pl.plot(xnew,ynew,'b')  #绘制新数据
output=np.column_stack((xnew,ynew))  #新的x,y数据组装成一个数组
np.savetxt('output_data.csv', output, delimiter = ',')  #保存新数据
```

5.1.2 平滑处理

在数据波动性强、起伏性较大时，需要对数据进行平滑处理，获得整条曲线变化的大趋势。以下是对测井Las格式的文件进行处理，虽然测井数据的显示处理有lasio等专业工具包，还是需要掌握原始文件的读取、截取、平滑处理、显

示等基本操作，这样再遇到简单的数据样本处理时会变得得心应手，总是依赖专业软件包，遇到新问题会感到处处掣肘。

代码包括以下步骤：①定义平滑算法函数。②文本操作方式打开 las 文件。③截取对应的数据段。④截取对应片段。⑤调用函数平滑处理。⑥求导数，获取极大值和极小值点。

```
# -*- coding: utf-8 -*-
"""
Created on Mon Jan 15 10:46:40 2018
5.1.2 LasDataSmooth.py @ author:Buyahui
"""
#定义数据平滑算法,移动窗口平均算法
def smooth(x,window_len):
    import numpy as np
    s=np.r_[2*x[0]-x[window_len-1::-1],x,2*x[-1]-x[-1:-window_
len:-1]]
    w=np.hamming(window_len)
    y=np.convolve(w/w.sum(),s,mode='same')
    return y[window_len:-window_len+1]
#引入模块
import matplotlib.pyplot as plt
from matplotlib.ticker import MultipleLocator, FormatStrFormatter
import numpy as np
import math
fileName='Y11-2-19840401.las'    #测井数据文件名
f = open(fileName,'r') #打开文件,
ss=f.readlines()    #readlines 方法按行读取,保存在列表 ss 中
f.close()

data=[]   #创建新列表,保存 Las 数据
for x in ss:
    x=x.strip()    #去掉换行符"\\n",注意文本编辑器通常看不到行末"\\n"
    tmp=x.split(' ')    #数据拆分
    while '' in tmp:
        tmp.remove('') #空的内容删掉
```

```
    data.append(tmp) #有用的信息保存在 data 里

#用“~A  DEPTH”作为标记找到有用信息的开头
for x in ss:
    if x.find('~A  DEPTH')>-1 :
        i=ss.index(x)    #记录数据开头的位置
        data[i].remove('~A')

data=[x for x in data[i:-1]]  #从开头位置到最后一行获取信息

#方法 1:获取 Depth 和 SP 曲线
Log_Data=[[float(x[0]),float(x[11])] for x in data[1:-1] if float(x[11])>-
900]

#方法 2:初学者拆开写,提高代码可读性
#Log_Data=[[float(x[0]),float(x[11])] for x in data[1:-1] ]
#Log_Data=[x for x in Log_SP if x[1]>-900]

Depth=np.array([x[0] for x in Log_Data]) #Depth 数据,从文本转化为数字型
LogSP=np.array([x[1] for x in Log_Data]) #SP 数据
LogSP2=smooth(LogSP,40) #调用函数对数据平滑处理,窗口 40

dev=[] #计算前后两个 SP 的差值,前增后减极大值、前减后增极小值
for i in range(1,len(LogSP2)-1) :
    dev.append([Depth[i],LogSP2[i],round(LogSP2[i]-LogSP2[i-1],5),
round(LogSP2[i]-LogSP2[i+1],5)])

theta=[]  #将变化转化为角度,可以化升降箭头
for x in dev:
    x.append(math.degrees(math.atan2(x[2],0.125)))
    theta.append(math.degrees(math.atan2(x[2],0.125)))

peak=[]  #保存极大值
vally=[]  #保存极小值
```

```
for x in dev:
    if x[0]>0:
        if x[2]>0 and x[3]>0:  #判断极大值
            peak.append([x[0],x[1]])

        if x[2]<0 and x[3]<0:  #判断极小值
            vally.append([x[0],x[1]])

#组装层段,即2个极大值1个极小值为1组
Ly=[]
for x in vally:
    for i in range(1,len(peak)) :
        if x[0]>peak[i-1][0] and x[0]<peak[i][0] and (abs(115-x[1])>
5):
            Ly.append([[peak[i-][0],peak[i-][1]],[x[0],x[1]],
[peak[i][0],peak[i][1]]])
            break

#求分界点
for i in range(1,len(Ly)):
    if Ly[i][0][0]-Ly[i-1][2][0]>1:
        print((Ly[i][0][0]+Ly[i-1][2][0])/2)

#设置显示格式
xmajorLocator   = MultipleLocator(5) #将x主刻度标签设置为20的倍数
xmajorFormatter = FormatStrFormatter('%5.0f') #设置x轴标签文本的格式
xminorLocator   = MultipleLocator(5) #将x轴次刻度标签设置为5的倍数

plt.figure(1,figsize=(60,5)) #创建图表1
plt.figure(num=1)
ax = plt.subplot(111)
ax.xaxis.set_major_locator(xmajorLocator)
ax.xaxis.set_major_formatter(xmajorFormatter)
```

```
plt.plot(Depth,LogSP2)    #绘制平滑后的曲线
plt.plot([x[1][0] for x in Ly],[x[1][1] for x in Ly],'r+')  #描出极值点
plt.plot([x[0][0] for x in Ly],[x[0][1] for x in Ly],'b+')
plt.plot([x[2][0] for x in Ly],[x[2][1] for x in Ly],'g+')
plt.grid(True)
plt.savefig("Y11-2.png",bbox_inches='tight',dpi=300)
```

5.1.3 筛选合并

在数据库中，油井和水井的数据通常分别保存在两个 table 中，做数值模拟时需要把两个表的数据合并在一起，并且因为数据是按月份保存的，上半月是生产井下半月是注水井，造成同一个月份两条记录也是常见的，需要对数据做处理，比如合并到下个月。手动完成这项工作是非常费时费力的，使用 Dataframe 就可以很方便解决该问题。

以下代码还加入了简单的劈产功能，就是给定一个系数 C，至于 C 是怎么来的，可以手工参考测试资料，也可以自己再写一个专门计算批产系数的脚本文件。这种模块化多个独立小程序，方便程序的查找和修改，提高代码重复利用效率。

```
# -*- coding: utf-8 -*-
"""
Created on Sat Oct  3 19:30:34 2020
5.1.3-DataUnion.py @ author:Buyahui
Eclipse Schedule 文件合并
"""

import pandas as pd
#---------------用户修改文件--------------------
PlanName='A10'
ProFile='./5.1.3-ProData.csv' #采油井数据
InjFile='./5.1.3-InjData.csv' #注水井数据

#---------------用户修改文件--------------------
df_Pro = pd.read_csv(ProFile,encoding='gbk')
df_Inj = pd.read_csv(InjFile,encoding='gbk')
```

```
#先乘以劈产系数 C
df_Pro['YCYL']=df_Pro['YCYL']*df_Pro['C']
df_Pro['YCSL']=df_Pro['YCSL']*df_Pro['C']
df_Pro['YCQL']=df_Pro['YCQL']*df_Pro['C']
df_Inj['YZSL']=df_Inj['YZSL']*df_Inj['C']

df_Pro=df_Pro[['JH','NY','YCYL','YCSL','YCQL']]  #油井筛选有用的列
df_Pro['YZSL']=0 #油井 df 加 1 个空列月注水量


df_Inj=df_Inj[['JH','NY','YZSL']] #水井数据筛选有用的列

#方法 1:一次添加一列,col 重新排序
#df_Inj['YCYL']=0 #水井 df 加 3 个空列月产油、产水、产气
#df_Inj['YCSL']=0
#df_Inj['YCQL']=0
#df_Inj=df_Inj[['JH','NY','YCYL','YCSL','YCQL','YZSL']] #col 名称重
新排序

#方法 2:一次性重命名,用 0 填充
df_Inj= df_Inj.reindex(columns=['JH','NY','YCYL','YCSL','YCQL','YZSL
'], fill_value=0)

df= pd.concat([df_Pro, df_Inj]) #两个 df 合并
df=df.sort_values(by=['JH','NY'],ascending=(True,True)) #双条件排序

#一个月可能油井又是水井这在模型中不允许,需要把液量合并到下个月
#先判断出来哪些是重复项
df.reset_index(drop=True, inplace=True) #重排序号,保证序号唯一

df2=df[(df['NY']==df.shift(1)['NY']) & (df['JH']==df.shift(1)['JH
'])] #判断两个井号相同,月份也相同的行
#删除重复月把数据加到后一列,先相加,再 pop
```

```
for x in list(df2.index): #df2 里保存的是重复项
    #重复的项加到下一行(x+1)
    df.loc[x+1,['YCYL','YCSL','YCQL','YZSL']]=df.loc[x,['YCYL','YCSL','YCQL','YZSL']]+df.loc[x+1,['YCYL','YCSL','YCQL','YZSL']]
    df.drop(x,axis=0,inplace=True)      #删除重复行

df.to_csv('Sch_'+PlanName+".csv")
```

5.2 图件绘制

以下列举了几种油田开发常用图件，包括动态曲线图、井网图、累注类采图、速度场图、流线图等。

5.2.1 开发曲线

如某油田生产开发动态曲线(图5-2)，包括产油、含水、注水量，已经有Matplotlib的基础，绘制一组曲线并不困难，这段代码应该与数据筛选相结合，快速绘制不同断块、不同井组、不同层系的开发动态曲线。

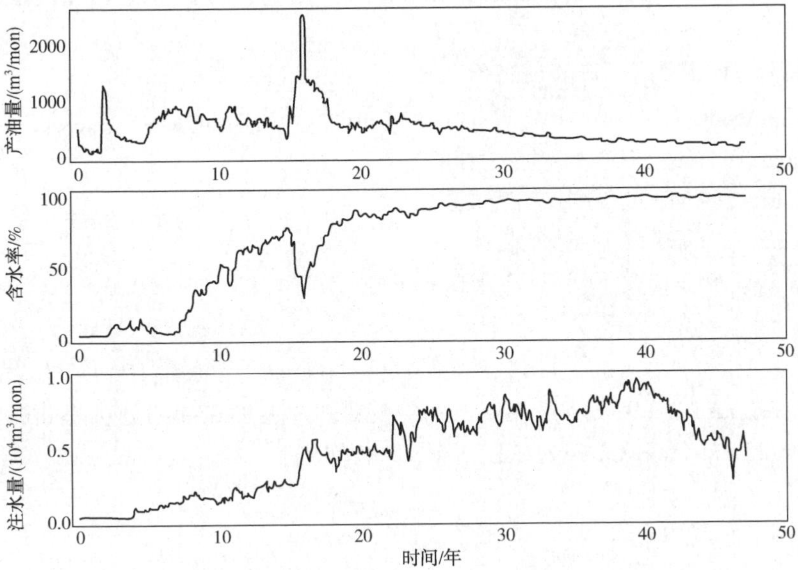

图5-2 开发动态曲线

```
# -*- coding: utf-8 -*-
"""
Created on Tue Feb 19 15:00:20 2019
5.2.1-1ReservoirProductionCurve.py @ author:Buyahui
"""
#常用字体:黑体 SimHei ;微软雅黑 Microsoft YaHei
#微软正黑体 Microsoft JhengHei ;新宋体 NSimSun
#新细明体 PMingLiU ; 细明体 MingLiU
#标楷体 DFKai-SB ;仿宋 FangSong
#楷体 KaiTi ; 仿宋_GB2312 FangSong_GB2312
#楷体_GB2312 KaiTi_GB2312
"""
import matplotlib.pyplot as plt
import numpy as np
#Matplotlib 显示中文的方法
plt.rcParams['font.family'] = ['sans-serif']
plt.rcParams['font.sans-serif'] = ['SimHei']    #指定默认字体 SimHei 为黑体
#plt.rcParams['axes.unicode_minus']=False    #用来正常显示负号

#数据保存在 csv 文件中, panda 读取这种数据更高校,这里展示 np 读取 csv 的方法
#skiprows=1 跳过第 1 行的列名称
data=np.loadtxt("4.1ReservoirProductionCurve.csv",delimiter=',',skiprows=1)
t=data[:,0] #h 获取 0 列,生产时间
qo=data[:,1] #获取 1 列,年产油量
fw=data[:,2] #获取 1 列,含水量
Iw=data[:,3] #获取 1 列,年注水量

font2 = {'family' : 'sans-serif', 'weight' : 'normal', 'size' :10} #字体设置
plt.figure(figsize=(9, 6.5),dpi=200) #设置图片大小 figsize,分辨率 dpi
plt.title('Production Curve of A1') #图件名称

#设置图的布局,3 行 1 列,共 3 幅图
plt.subplot(3, 1, 1)   #绘制第 1 幅图,年产油量与时间
```

```
plt.plot(t, qo,'r')    #plt.plot 画线图  plt.bar(t, qo)柱状图
unit=r"( $ m^3/mon $ )" #上标、特殊字符的输入方法
plt.xlim(-0.5, 50) #设置横轴范围,让出 0.5 别遮住起点
plt.ylabel('年产油量'+unit,font2)  #纵轴轴标注

#绘制第 2 幅图,含水与时间
plt.subplot(3, 1, 2)
plt.plot(t, fw, 'b')
plt.xlabel('年')
plt.ylabel('含水率 (%)',font2)
plt.xlim(-0.5, 50)

#绘制第 3 幅图,注水量与时间
plt.subplot(3, 1, 3)
plt.plot(t, Iw, 'g')
plt.xlabel('年')
unit=r"( $×10^4 m^3/mon $ )"
plt.ylabel('注水量'+unit,font2)
plt.xlim(-0.5, 50)
plt.show()
```

5.2.2 单井动态曲线

两口井的月度生产动态曲线(图 5-3)，红色线是产油量，蓝色线是产水量。为了方便比对，横坐标采用相同的时间段，这样每口井的起止时间对齐便于分析。本例较麻烦的问题是时间的显示，占用较多代码，可作为典型例子记住。

另外，注意时间是先从文本转为时间，然后再为横轴设置专门的时间显示格式。该动态曲线还可以做以下尝试：①为产水量绘制第二坐标轴，提高产油曲线的分辨率。②对曲线做平滑处理。③叠合散点图、柱状图增加产液量、含水率、动液面等信息。

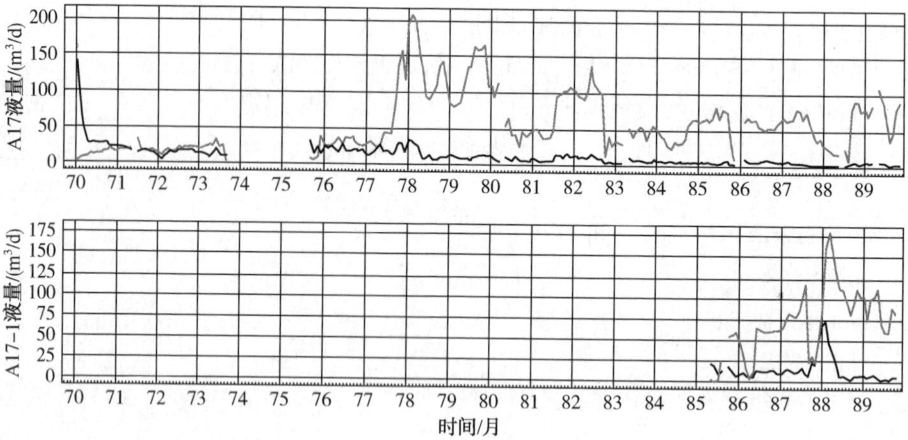

图 5-3　单井生产动态曲线

```
# -*- coding: utf-8 -*-
"""
Created on Sat Oct  3 19:30:34 2020
5.2.1-2MultiWellsDynamicCurve.py @ author:Buyahui
"""
import pandas as pd
import matplotlib.pyplot as plt

plt.rcParams['font.sans-serif']=['SimHei'] #用来正常显示中文标签
plt.rcParams['axes.unicode_minus']=False #用来正常显示负号

df = pd.read_csv("./MonthlyData.csv",encoding='gbk') #读取月度生产数据
df['NY']=df['NY'].astype(str)  #转化为字符串
#月度生产数据格式 202009 不是标准时间格式,转化为 2020-09-10
df['NY']=df['NY'].apply(lambda x:x[0:4]+"-"+x[4:6]+"-10")  #日期格式转化
df['NY']=pd.to_datetime(df['NY']) #字符转日期

df['qo']=df['YCYL']/df['SCTS']   #月产油/生产天数=平均日产油
df['qw']=df['YCSL']/df['SCTS']   #月产水/生产天数=平均日产水
```

```
#获取所有井的最大时间和最小时间
SDate=df['NY'].min()   #为了对比方便,把所有井按照相同时间段绘制
EDate=df['NY'].max()
Margin=(SDate-EDate)*0.02 #设置两端的空白

WellList=list(df['JH'].unique()) #获取全部井号,重复内容合并

#定义函数,曲线绘制功能全放函数里,方便引用
def DrawWellCurve(WellName):
import matplotlib.dates as mdates #日期模块
    years = mdates.YearLocator()   # every year
    months = mdates.MonthLocator()   # every month
    yearsFmt = mdates.DateFormatter('%y')   #%Y 代表 2012  %y 代表 12

    plt.rcParams['font.sans-serif']=['Microsoft YaHei'] #用来正常显示中文
    plt.rcParams['axes.unicode_minus']=False #用来正常显示负
    plt.figure(1,figsize=(18,3.5),dpi=100) #创建图表 1
    ax = plt.subplot()
    ax.xaxis.set_major_locator(years) #主设置刻度为年
    ax.xaxis.set_major_formatter(yearsFmt) #日期显示格式
    ax.xaxis.set_minor_locator(months) #副刻度为月
    plt.plot(df1['NY'],df1['qo'],c='r',alpha=0.5)   #产油曲线用红色
    plt.plot(df1['NY'],df1['qw'],c='b',alpha=0.5)   #产水曲线用蓝色
    plt.xlim(SDate,EDate)
    plt.ylabel(WellName+'液量(m3/d)')
    plt.grid(True) #显示网格
    plt.savefig(".//plot//"+WellName+".png",dpi=100,bbox_inches='tight')
    plt.close('all') #释放内存

#开始循环调用绘图
for x in WellList[0:3]:   #编号任意修改,一次绘制多条曲线
    df1=df[df['JH']==x]
    DrawWellCurve(x)
```

5.2.3 注采井网

阶段注采井网图(图 5-4)，分阶段绘制注采井间对应关系。

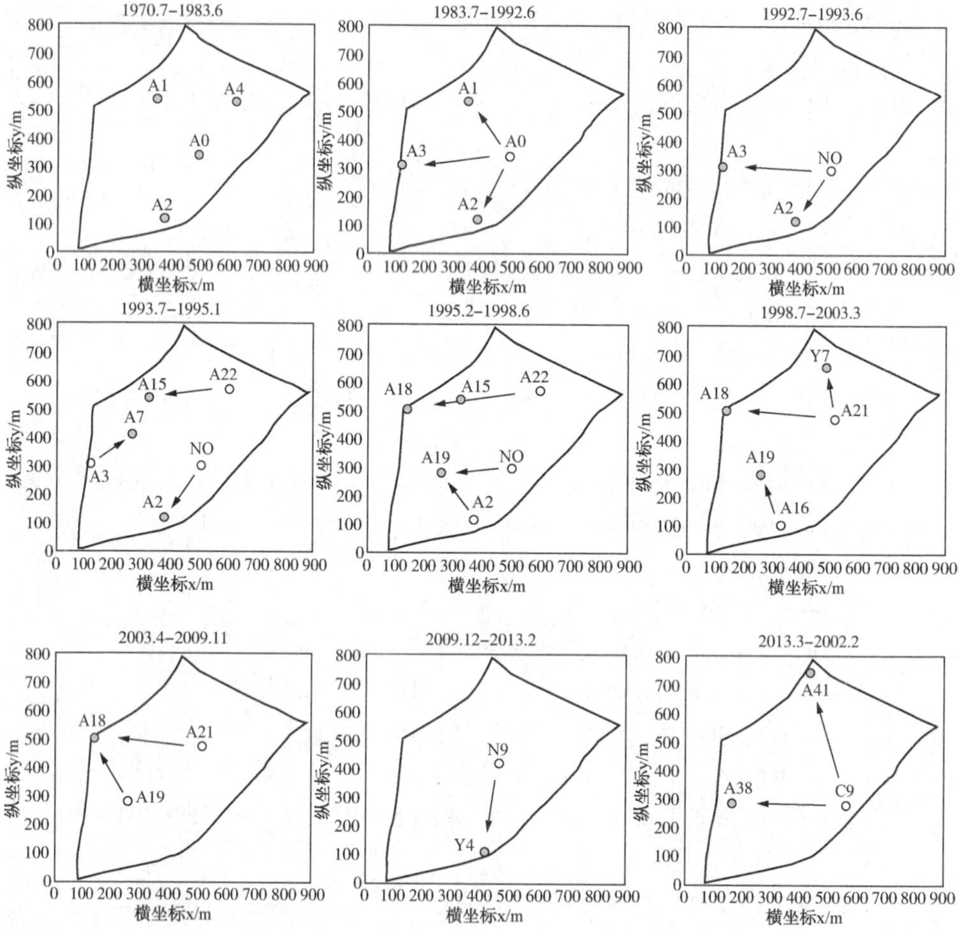

图 5-4　注采井网

```
# -*- coding: utf-8 -*-
"""
Created on Sun Feb  2 15:56:34 2020
5.2.2-2WellPattern.py @ author:Buyahui(389318820@qq.com)
"""
import numpy as np
import pandas as pd
```

```
import matplotlib.pyplot as plt
import math
plt.rcParams['font.sans-serif']=['SimHei'] #用来正常显示中文标签
plt.rcParams['axes.unicode_minus']=False #用来正常显示负号

def angle(v1, v2):
    dx1 = v1[2] - v1[0]
    dy1 = v1[3] - v1[1]
    dx2 = v2[2] - v2[0]
    dy2 = v2[3] - v2[1]
    angle1 = math.atan2(dy1, dx1)
    angle1 = int(angle1 * 180/math.pi)
    angle2 = math.atan2(dy2, dx2)
    angle2 = int(angle2 * 180/math.pi)
    included_angle = angle1-angle2
    return included_angle

Con=np.loadtxt("5.2.2-2Config.csv",delimiter=",",dtype=str,usecols=(0,1,
2,3),unpack=True,skiprows=1)

i=np.argwhere(Con[0]=='FigSize')[0][0]
j=np.argwhere(Con[0]=='Dpi')[0][0]

i=np.argwhere(Con[0]=='VisRangeX')[0][0]
Xmin=Con[1][i].astype(int)
Xmax=Con[2][i].astype(int)

i=np.argwhere(Con[0]=='VisRangeY')[0][0]
Ymin=Con[1][i].astype(int)
Ymax=Con[2][i].astype(int)

i=np.argwhere(Con[0]=='TickNum')[0][0]
new_xticks = np.linspace(Xmin,Xmax,Con[1][i].astype(int)+1) #注意平均12
份,离散出13个点
```

```
new_yticks = np.linspace(Ymin,Ymax,Con[2][i].astype(int)+1)

x,y=np.loadtxt("5.2.2-2Boundary.csv",delimiter=",",usecols=(0,1),unpack
=True,skiprows=1)
re_x,re_y=6700,450
x=x-re_x
y=y-re_y

WellLoc=pd.read_csv("5.2.2-2WellPattern.csv")
WellLoc['ZZBX']=WellLoc['ZZBX']-re_x
WellLoc['HZBY']=WellLoc['HZBY']-re_y

DateTitle=['1970.7-1983.6','1983.7-1992.6','1992.7-1993.6','1993.7-
1995.1','1995.2-1998.6','1998.7-2003.3','2003.4-2009.11','2009.12-
2013.2','2013.3-2002.2']

'''读入注采箭头数据'''
Arrow=np.loadtxt("5.2.2-2Arrow.csv",dtype=str,delimiter=",",unpack=True,
skiprows=1)
Arrow=Arrow.T  #做转置   #Loc=Loc.tolist()  #转化为 list

insertCol = np.array([[1000] * Arrow.shape[0]]) #插入的空列,保存坐标  #
有几行就加几个零
Arrow=Arrow.astype(str) #这句话找了半天,1000 装进去变成了 100,也不知为
什么
Arrow = np.insert(Arrow, 2, values=insertCol, axis=1) #增加位置存放坐标
Arrow = np.insert(Arrow, 4, values=insertCol, axis=1) #增加位置存放坐标
Arrow = np.insert(Arrow, 9, values=insertCol, axis=1) #增加位置存放两点间
距离

#填写箭头首部
for h in Arrow:
    for k in range(WellLoc.shape[0]):
        if h[1]==WellLoc.loc[k,'JH']:
```

```
                h[1]=WellLoc.loc[k,'ZZBX']
                h[2]=WellLoc.loc[k,'HZBY']
                continue

#填写箭头尾部坐标
for h in Arrow:
    for k in range(WellLoc.shape[0]):
        if h[3]==WellLoc.loc[k,'JH']:
            h[3]=WellLoc.loc[k,'ZZBX']
            h[4]=WellLoc.loc[k,'HZBY']
            continue
#lsArrow=list(Arrow)
#str->float32 否则无法识别 0.25,0.75 点位置
Arrow=Arrow.astype(np.float32)


'''开始画图'''
fig=plt.figure(figsize=(15*1.125,15),dpi=200)
for Stage in range(1,10):

    plt.subplot(331+Stage-1)
    plt.xlim(Xmin,Xmax) #设定 y 坐标范围
    plt.ylim((Ymin,Ymax)) #设定 y 坐标范围

    plt.xticks(new_xticks)
    plt.yticks(new_yticks)

    plt.xlabel('横坐标 X(m)')
    plt.ylabel('纵坐标 Y(m)')


    plt.title(DateTitle[Stage-1],fontsize=14)
    plt.grid(False)
```

```
'''----画边界------'''
plt.plot(x,y,'k-', linewidth=1,label='边界')

'''----画井位------'''
for i in range(WellLoc.shape[0]):

    x0=WellLoc.loc[i,'ZZBX']
    y0=WellLoc.loc[i,'HZBY']
    JH=WellLoc.loc[i,'JHJX']
    ox=WellLoc.loc[i,'OFFSET_X']
    oy=WellLoc.loc[i,'OFFSET_Y']
    welltype=WellLoc.loc[i,str(Stage)]
    #要画空心圆,color 改为''
    if welltype==1:
        plt.scatter(x0, y0, color='r', marker='o', edgecolors='red', s=
60)
        plt.annotate(JH,xy=(x0,y0),xytext=(ox,oy),textcoords='offset
points',horizontalalignment='center', verticalalignment='center',fontsize=12)
    elif welltype==-1:
        plt.scatter(x0, y0, color='b', marker='o', edgecolors='blue', s=
60)
        plt.annotate(JH,xy=(x0,y0),xytext=(ox,oy),textcoords='offset
points',horizontalalignment='center', verticalalignment='center',fontsize=12)
'''----画箭头------'''
StageArrow=Arrow[Arrow[:,0]==Stage]    #获取阶段 Arrow
for arw in StageArrow:
    #xy=箭头终点坐标,xytext=箭头起点坐标,即标注 text 位置
    #x[0]阶段,x[1]-x[4]坐标位置,x[5]注水量,x[6]采油量
    plt.annotate('',xy=(arw[3],arw[4]),xytext=(arw[1],arw[2]),xy-
coords='data',color='b',arrowprops=dict(ec='blue',fc='blue',width=0.5,
shrink=0.2,alpha=0.8,connectionstyle="arc3"))
    #plt.text((x[1]+x[3])*0.5, (x[2]+x[4])*0.5, x[5], family='
fantasy', fontsize=10, style='italic',color='mediumvioletred')
```

```
        #plt. text(arw[1]-(arw[1]-arw[3]) * 0.5, arw[2]-(arw[2]-arw[4]) * 0.5, arw[5], fontsize=6,fontweight='bold',color='deepskyblue')  #标注箭头首部
        #plt. text(arw[1]-(arw[1]-arw[3]) * 0.75, arw[2]-(arw[2]-arw[4]) * 0.75, arw[6], fontsize=6,fontweight='bold',color='mediumvioletred')  #标注箭头尾部

FileName='S1. png'
plt. savefig(FileName,bbox_inches='tight')
```

5.2.4 累注累采

累采数据与井位数据一起绘制，可以提高图件包含的信息量(图5-5)。每口井都用圆形表示，圆形半径越大代表累积或采出的量越大，颜色越红代表含水率越低，越蓝代表含水越高，圆形上部标注井号，下部标注初产时对应的液量油量。

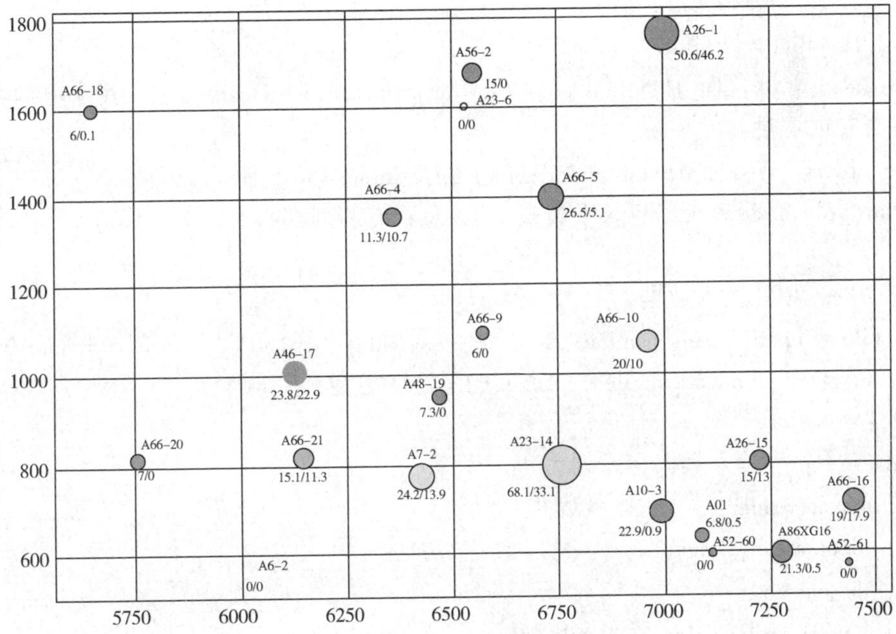

图5-5 累采图

1. 泡泡图

```
# - * - coding: utf-8 - * -
"""
Created on Fri May 25 15:09:17 2018
5.2.3-1WellLocation.py @ author:Buyahui
"""
import numpy as np
import matplotlib.pyplot as plt
import csv

#文本方式读取头文件,判断表产油数据是否存在
f = open('WellLocation.csv','r')
ss=f.readline()
print(ss)
f.close()

List_Headline=ss.split(',') #表头列拆分
dic_head = {k:List_Headline.count(k) for k in set(List_Headline)} #用字典判断是否有重复项
dic_order= {k:List_Headline.index(k) for k in set (List_Headline)}
print('Check 2:表头信息异常检查(判断是否有两列都叫 NY、ql)\\n')

#使用 csv 模块读入数据
csvFile = open('WellLocation.csv', "r",encoding='gb18030', errors='ignore')
reader = csv.reader(csvFile)  #返回的是迭代类型

data = []  #读入数据存入列表 data 中
for item in reader:
    data.append(item)
csvFile.close()
del data[0] #去掉第一行的 colname
```

```
x=[float(x[2]) for x in data]
y=[float(x[3]) for x in data]

ql=np.array([float(x[7])+0.0001 for x in data]) #获取产水产油量,避免除以0通常加一个很小的值
qo=np.array([float(x[8]) for x in data])
Np=np.array([float(x[12]) for x in data])
Nw=np.array([float(x[13])+1e-6 for x in data])

JH=[x[1] for x in data]
CC=[x[7]+'/'+x[8] for x in data] #初产备注
LC=[x[12]+'/'+x[13] for x in data]  #累产备注

Del_x=[float(x[10])*10 for x in data]  #标注偏移,否则两口井距离较近时标注重叠看不清
Del_y=[float(x[11])*10 for x in data]

color=np.array((ql-qo)/ql*100)   #计算颜色值
cm = plt.cm.get_cmap('jet_r')       #颜色反转用'jet_r'
scale=0.5 #设置显示的比例

#绘图2标注累日产量
fig,ax=plt.subplots(figsize=(29.7*scale,21*scale),dpi=100)
area =np.array(ql)*20+50  #圆形计算面积
sc=ax.scatter(x,y,s=area,c=color,alpha=0.5,cmap=cm,vmin=10,vmax=90)
ax.grid(True)

for i,txt in enumerate(JH):  #井号
    ax.annotate(txt,xy=(x[i],y[i]),xytext=(0+Del_x[i], Del_y[i]+10),
                textcoords='offset points',
                horizontalalignment='center', verticalalignment='center',
                fontsize=10)

for i,txt in enumerate(CC):  #标注初产
```

```
    ax.annotate(txt,xy=(x[i],y[i]),xytext=(0+Del_x[i], Del_y[i]-10),
        textcoords='offset points',
        horizontalalignment='center', verticalalignment='center',
        fontsize=10)

plt.title("区块 AAA52") plt.savefig("Inj_"+"MultCurve"+"_A4_P_qo"+"
.png",format='png',dpi=100,bbox_inches='tight')

#绘图2标注累产量,透明图片
fig,ax=plt.subplots(figsize=(29.7*scale,21*scale),dpi=100)
cm = plt.cm.get_cmap('jet')
area =np.array(Np+Nw)*200+100
color=np.array(Np/(Np+Nw)*100)

sc=ax.scatter(x,y,s=area,c=color,alpha=0.5,cmap=cm)

for i,txt in enumerate(JH):
    ax.annotate(txt,xy=(x[i],y[i]),xytext=(0+Del_x[i], Del_y[i]+10),
            textcoords='offset points',
            horizontalalignment='center', verticalalignment='center',
            fontsize=10)
for i,txt in enumerate(LC):
    ax.annotate(txt,xy=(x[i],y[i]),xytext=(0+Del_x[i], Del_y[i]-10),
        textcoords='offset points',
        horizontalalignment='center', verticalalignment='center',
        fontsize=10)
plt.title("区块 AAA52") plt.savefig("Inj_"+"MultCurve"+"_A4_P_Np"+"
.png",format='png',dpi=100,transparent=True,bbox_inches='tight')
plt.close('all')
plt.clf()#清除图形
```

2. 饼图

注采量分析最常用的是注采饼图(图 5-6)，可单井的饼图单独绘制保存为

png 格式文件贴入 ppt 实用。可以尝试将各种注采分析图都先用 Matplotlib 输出为一个个小的部分，再根据需求组装在一起。

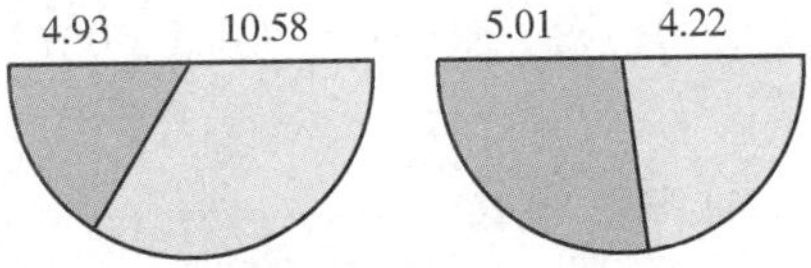

图 5-6 累注累采饼图

该图绘制原理是先绘制一张饼图划分为 4 部分，上半部分占 50%的面积，颜色为白色或者无色，这样只保留下半部分的红色和蓝色。

```
# - * - coding: utf-8 - * -
"""
Created on Thu Jun 27 15:17:35 2019
5.2.3NpNwPieChart.py @ author:Buyahui
"""
import matplotlib.pyplot as plt
#输入数据
Wells=[['A48',5.42,1.92],['A48-1',5.01,4.22],['A48-2',4.93,
10.58],['A48-3',1.99,2.81]]
col=['r','b','None','None']  #设置显示颜色,红色和蓝色
R_max=16  #设置饼图的尺寸
for x in Wells :
    c_Np=x[1]/(x[1]+x[2]) * 50  #计算比例
    c_Nw=x[2]/(x[1]+x[2]) * 50
    R=(x[1]+x[2])/R_max * 2      #根据总量计算半径
    sizes = [c_Np, c_Nw, 25, 25]  #一个圆形分为 4 分,只显示两份。
    fig1, ax1 = plt.subplots()
plt.rcParams['figure.figsize'] = (3 * R, 3 * R)
#绘制饼图
    ax1.pie(sizes,shadow=False,radius=1,colors=col,startangle=180)
ax1.axis('equal')  #每个扇形的半径相同
#标注累注累采信息
```

```
    ax1. annotate(x[1], xy = (0, 0), xytext = (-0.9, 0.1),color='r',weight
="bold",fontsize=18)
ax1. annotate(x[2], xy = (0, 0), xytext = (0.1, 0.1),color='b',weight="
bold",fontsize=18)
#保存 png 矢量图片格式,注意透明色
    plt. savefig(x[0]+". png", format='png', bbox_inches='tight',transparent=
True, dpi=200,alpha=0.2)
```

5.2.5 相渗曲线

作图数据来自多个数据表，需要先拼接再作图。以相渗曲线为例，数据库中实验数据保存在不同的表格中，其中岩心基础数据保存在 KroKrw_CoreData. csv 中，一行即一块岩心；相渗曲线数据保存在 KroKrw_CurveData. csv 中，一块岩心通常包括 10~15 行数据，用岩心名称及编号作为索引。如图 5-7 所示，需要从两个表读出数据联合作图，渗透率数据来自第 1 张表，散点数据来自第 2 张表。

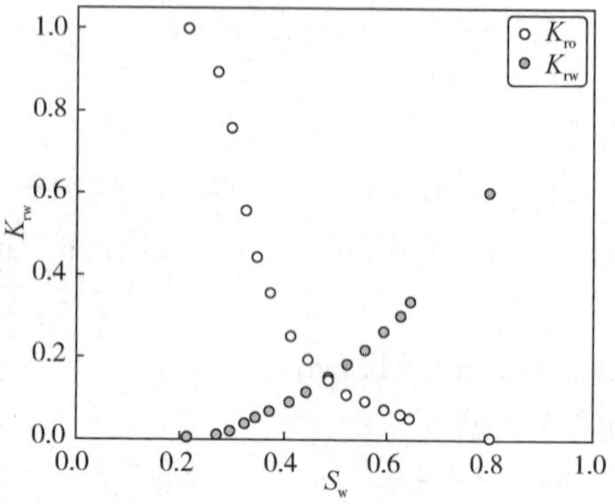

图 5-7　相渗曲线

```
# -*- coding: utf-8 -*-
"""
Created on 2020/2/15 11:37
5.2.4-1PE_KroKrw_Plot. py   @ author:Buyahui
"""
import pandas as pd
import matplotlib. pyplot as plt


plt. rcParams['font. sans-serif'] = ['SimHei']
plt. rcParams['axes. unicode_minus'] = False
plt. rcParams["figure. dpi"] = 100
```

```
Core = pd.read_csv("./KroKrw_CoreData.csv",encoding='gbk')
Kr = pd.read_csv("./KroKrw_CurveData.csv",encoding='gbk')

Flag_Plot=True
'''--------批量做图 KroKrw 作图-----------'''
if Flag_Plot==True:
    for i in range(0,Core.shape[0]): #len(JH)
        data=Kr[(Kr['JH']==Core['JH'][i]) & (Kr['Num']==Core['
Num'][i])][['Sw','Kro','Krw']]
        tl=str(Core['JH'][i])+'    '+str(Core['Num'][i])+'    K='+str
(Core['K_Gas'][i])+'mD'

ax=data.plot('Sw','Kro',kind='scatter',color='Red',title=tl,xlim=(0,1),ylim
=(0,1.05),figsize=(6,5), label='Kro')
data.plot('Sw','Krw',kind='scatter',color='Blue',xlim=(0,1),ylim=(0,
1.05),ax=ax, label='Krw')

        ax.legend(loc='upper right') #设置图例的位置
        fig=ax.get_figure()
        FileName=str(Core['JH'][i])+' '+str(Core['Num'][i])
        fig.savefig(FileName+'.png')

'''--------按照格式要求整理数据-----------'''
df=Kr.copy(deep=True)    #复制一个新 dataframe
df.insert(3,'K_Gas',df['Order']*1.1) #插入空列
df.insert(4,'PORO',df['K_Gas'])
df.insert(5,'Swc',df['K_Gas'])
df.insert(6,'Sor',df['K_Gas'])
df.insert(7,'uw',df['K_Gas'])
df.insert(8,'uo',df['K_Gas'])
for i in range(0,Core.shape[0]):
```

```
    target=df[(df['JH']==Core['JH'][i]) & (df['Num']==Core['Num'][i])][['K_Gas','PORO','Swc','Sor','uw','uo']]
    replace=Core.iloc[i][['K_Gas','PORO','Swc','Sor','uw','uo']]
    for j in range(target.shape[0]):
        target.iloc[j]=replace
df[target.index[0]:target.index[-1]+1][['K_Gas','PORO','Swc','Sor','uw','uo']]=target

df_Krw=df.drop(['JH','Num','Order','Kro'],axis=1)   #单独抽出油相渗透率数据
df_Kro=df.drop(['JH','Num','Order','Krw'],axis=1)   #单独抽出水相渗透率数据

df_Krw.to_csv('df_Krw.csv',index=0)
df_Kro.to_csv('df_Kro.csv',index=0)
```

另外一种相对渗透率曲线保存格式为，一块岩心的所有数据汇总为一行，表头分为Sw1，Sw2，…，Sw25，通常相渗数据包含10~15个点，所以设置的列数通常较长，这种数据无须拼接，但需要处理冗余的数据，使用dataframe可以高效的完整操作。数据文件：KroKrwUni.csv；代码：PE_KroKrw_Plot2.py。

```
# -*- coding: utf-8 -*-
"""
Created on Thu Apr 30 08:20:58 2020
5.2.4-2PE_KroKrw_Plot.py @ author:Buyahui(389318820@qq.com)
"""
import pandas as pd
import numpy as np
import matplotlib.pyplot as plt

plt.rcParams['font.sans-serif']=['SimHei'] #用来正常显示中文标签
plt.rcParams['axes.unicode_minus']=False #用来正常显示负号

df=pd.read_csv('KroKrwUni.csv',encoding='gbk')
```

```
df['uw']=round(df['uw'],3)  #地层水黏度保留3位小数
df['uo']=round(df['uo'],3)  #原油黏度保留3位小数

'''---------批量作图 KroKrw 作图------------'''
flag_draw=True  #批量作图开关
if flag_draw==True:

    for i in range(0,2):

        Sw=df.loc[i,"Sw1":"Sw25"]  #取值
        Sw = Sw.reset_index()      #重新设置索引,不重设不能合并不
        Sw.pop('index')            #原索引扔掉

        Kro=df.loc[i,"Kro1":"Kro25"]
        Kro = Kro.reset_index()
        Kro.pop('index')

        Krw=df.loc[i,"Krw1":"Krw25"]
        Krw =Krw.reset_index()
        Krw.pop('index')

        Single_Kr = pd.concat([Sw,Kro,Krw],axis=1,ignore_index=True)  #
axis=0 行叠加  axis=1 列叠加
        Single_Kr.rename(columns={0:'Sw',1:'Kro',2:'Krw'},inplace=
True)
        Single_Kr=Single_Kr.dropna()

        #图片的名称
        FigTitle = df.loc[i,'JH']+' '+str(df.loc[i,'BH'])+'  h='+str
(df.loc[i,'Z'])+'  K='+str(df.loc[i,'K'])+r'  $\phi$='+str(df.loc[i,'
PORO'])
        FigTitle=FigTitle+r'  $\mu$o='+str(df.loc[i,'uo'])+r'  $\mu$w
='+str(df.loc[i,'uw'])
```

```
        plt.rcParams["figure.dpi"] = 100
        ax1=Single_Kr.plot('Sw','Kro',kind='scatter',color='Red',title=FigTitle,xlim=(0,1),ylim=(0,1.05),figsize=(6,5), label='Kro')
        Single_Kr.plot('Sw','Krw',kind='scatter',color='Blue',xlim=(0,1),ax=ax1,ylim=(0,1.05), label='Krw')

        ax1.legend(loc='upper right') #设置图例的位置
        fig=ax1.get_figure()

        FileName=str( "%04d" % i)+'_'+df.loc[i,'JH']+'_'+str(df.loc[i,'BH'])  #0001.png 的格式是方便排序
        fig.savefig(FileName+'.png')

'''--------准备数据-----------'''
df_KrCurve=pd.DataFrame(columns=['JH','BH','Sw','Kro','Krw']) #申请个空 Dataframe

for i in range(0,2):

    Sw=df.loc[i,"Sw1":"Sw25"]   #获取 Sw1 到 Sw25 连续列数据
    Sw = Sw.reset_index()       #重新设置索引,不重设不能合并不
    Sw.pop('index')             #原索引扔掉


    Kro=df.loc[i,"Kro1":"Kro25"] #获取 Kro1 到 Kro25 连续列数据
    Kro = Kro.reset_index()
    Kro.pop('index')

    Krw=df.loc[i,"Krw1":"Krw25"]  #获取 Krw1 到 Krw25 连续列数据
    Krw =Krw.reset_index()
    Krw.pop('index')

    Single_Kr = pd.concat([Sw,Kro,Krw],axis=1,ignore_index=True)  #axis=0 行叠加  axis=1 列叠加
```

```
    Single_Kr. rename(columns={0:'Sw',1:'Kro',2:'Krw'},inplace=True)
    Single_Kr=Single_Kr. dropna()

    #组装新数据
    Single_Kr['JH']=df. loc[i,"JH"]
    Single_Kr['BH']=df. loc[i,"BH"]
    Single_Kr['X']=df. loc[i,"X"]
    Single_Kr['Y']=df. loc[i,"Y"]
    Single_Kr['Z']=df. loc[i,"Z"]
    Single_Kr['K']=df. loc[i,"K"]
    Single_Kr['PORO']=df. loc[i,"PORO"]
    Single_Kr['uo']=df. loc[i,"uo"]
    Single_Kr['uw']=df. loc[i,"uw"]
    Single_Kr['Swc']=df. loc[i,"Swc"]
    Single_Kr['Sor']=df. loc[i,"Sor"]
    Single_Kr['Cf']=df. loc[i,"Cf"]

    df_KrCurve=pd. concat([df_KrCurve,Single_Kr],axis=0) #新数据拼接在一起

#按照指定顺序排列
df_KrCurve=df_KrCurve[['JH','BH','X','Y','Z','K','PORO','uo','uw','Swc','Sor','Cf','Sw','Kro','Krw']]

#检查错误  df_KrCurve[df_KrCurve['Krw']>1]
df_Kro_Curve=df_KrCurve[['X','Y','Z','K','PORO','uo','uw','Swc','Sor','Cf','Sw','Kro']]
df_Krw_Curve=df_KrCurve[['X','Y','Z','K','PORO','uo','uw','Swc','Sor','Cf','Sw','Krw']]

df_Kro_Curve. to_csv('Kro. csv')
df_Krw_Curve. to_csv('Krw. csv')
```

5.2.6 生产井史

工作中单井的生产历史通常以表格的形式出现，表格的缺陷是无法直观对比纵向上层位的变化和横向上时间的长短。甘特图(Gantt Chart)是一种很好的表现方式，通过条状图来显示项目任务随着时间进展的情况，让项目管理以甘特图形式快速制定项目计划，将项目分解为不同任务。

本例仿照甘特图的形式绘制单井生产历史(图 5-8)，横坐标是时间，纵坐标是生产层位。用箭头表示一段生产时间，红色箭头代表作为油井工作，蓝色箭头代表作为水井工作，箭头上标注这段时间的累注或累产。

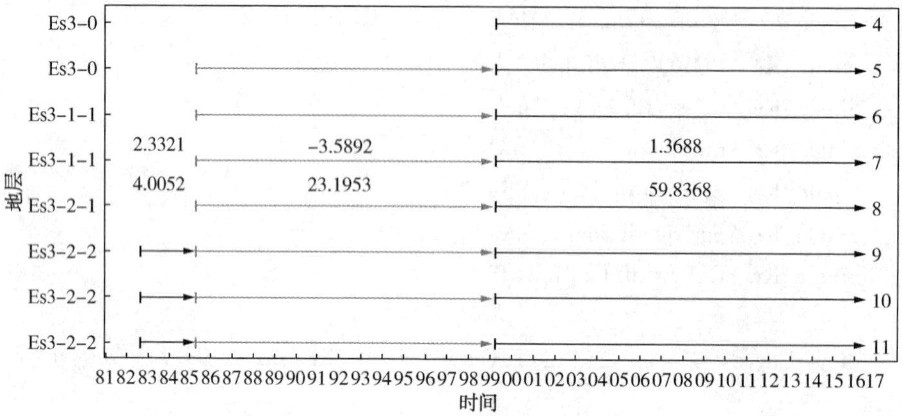

图 5-8　生产井史图(甘特图)

```
# -*- coding: utf-8 -*-
"""
Created on Sat Dec 23 09:49:56 2017
5.2.5Wel_History.py @ author:Buyahui
"""
import matplotlib.dates as mdates
import datetime
import numpy as np
import matplotlib.pyplot as plt
import copy

WellName='A11-3' #需要处理的井号
```

```
ResLyNum=19  #油藏或层系的总层数
#油藏或层系各层序号及名称
ResLyName=[[19,'Es2-1-1'],[18,'Es2-2-1'],[17,'Es2-2-2'],[16,'Es2-2-3'],[15,'Es2-3-3'],[14,'Es3-0'],[13,'Es3-1-1'],[12,'Es3-1-2'],[11,'Es3-1-3'],[10,'Es3-2-1'],[9,'Es3-2-2'],[8,'Es3-2-3'],[7,'Es3-3-1'],[6,'Es3-3-2'],[5,'Es3-3-4'],[4,'Es3-4-1'],[3,'Es3-4-2'],[2,'Es3-5'],[1,'Es3-6']]

rawtxt=[]
f=open(WellName+'.H2')    #读取单井井史文件,文本格式*.H2
while True:
    line=f.readline()
    if not line:break
    if line.find('--')==-1 and len(line)>1:  #按行读取,删除'--'标注信息
        rawtxt.append(line.replace('\n',''))  #去掉末尾的'\n'
f.close()

'''找对应关键字'''
Name=rawtxt[rawtxt.index('WellName')+1]   #井号
Stage=int(rawtxt[rawtxt.index('Stages')+1]) #生茶阶段
PdLy=int(rawtxt[rawtxt.index('WorkLayers')+1])#生产层数

BEDate=[]
row=rawtxt.index('StageBEDate') #阶段开始结束时间
for x in rawtxt[row+1:row+Stage+1]:
    BEDate.append(x.split(','))

StageLy=[]
row=rawtxt.index('StageLayers')  #阶段生产层位
for x in rawtxt[row+1:row+Stage+1]:
    StageLy.append(x.split(','))

LyDiv=[] #阶段生产层位
row=rawtxt.index('LyDivTable') #小层数据表
```

```
for x in rawtxt[row+1:row+PdLy+1]:
    LyDiv.append(x.split(','))

#加入层位的倒序排号,从下往上 1,2,3
for x in LyDiv:
    x.append(PdLy-LyDiv.index(x))

#计算总记录条数
record=[]
print('\n' * 1)
print('-----DataBase ---')
print(['Stage','JH','S2','Top(m)','Bot(m)','SDate','EDate','r_LyO','
resLyO','k(mD)','h'])

WkType=1
for S1 in StageLy:
    N=len(S1)
    int_S1=StageLy.index(S1)
    #组装结果
    for S2 in S1:

        LyName=[x[0] for x in LyDiv]
        list=[]
        i=LyName.index(S2)

        int_S2=S1.index(S2)
        rev_S2=N-int_S2   #显示用的序号,reverse I

        if float(BEDate[int_S1][2])>=0 :
            WkType=1
        else:
            WkType=-1

        LyName=[x[1] for x in ResLyName]   #找总层位序号
```

```
            int_res=ResLyName[LyName.index(LyDiv[i][1])][0]
            h=round(float(LyDiv[i][3])-float(LyDiv[i][2]),2)
            list=[int_S1+1,Name,int_S2+1,LyDiv[i][2],LyDiv[i][3],LyDiv
[i][1],BEDate[int_S1][0],                BEDate[int_S1][1],rev_S2,
LyDiv[i][0],LyDiv[i][5],int_res,LyDiv[i][4],h,WkType]
            record.append(list)

BaseRecord=copy.deepcopy(record)  #保存 DataBase 格式
now_time=datetime.datetime.now().strftime('%Y/%m/%d %H:%M')

#显示读取获得的内容
log_txt="\n"*2
log_txt+=""+WellName+'.H2'+"          Edit Date :"+now_time+"\n"*2
log_txt=log_txt+'-----DataBase -----'+'\n'*2

for x in record:
    print(x)
    for y in x:
        log_txt=log_txt+str(y)+chr(9)
    log_txt=log_txt+'\n'
WkType=3
record=[]

for S1 in StageLy:
    N=len(S1)
    int_S1=StageLy.index(S1)

    '''判断单采合采'''
    if float(BEDate[int_S1][2])>=0:
        WkType=3
        if N==1 :
            WkType=1
    else:
        WkType=-3
```

```
        if N==1 :
            WkType=-1

    for S2 in S1:
        LyName=[x[0] for x in LyDiv]
        list=[]
        i=LyName.index(S2)
        int_S2=S1.index(S2)
        rev_S2=N-int_S2  #显示用的序号,i倒着排

        LyName=[x[1] for x in ResLyName]  #找总层位序号
        int_res=ResLyName[LyName.index(LyDiv[i][1])][0]
        list=[Name,LyDiv[i][1],int_res,BEDate[int_S1][0],BEDate[int_S1][1],WkType]
        record.append(list)

'''准备绘图数据'''
list=[]
Well_GantList=[]
for x in BaseRecord:
    list=[x[1],x[9],x[5],x[6],x[7],x[8],x[14]]
    Well_GantList.append(list)

SDate=[datetime.datetime.strptime(x[3],'%Y/%m/%d') for x in Well_GantList]
EDate=[datetime.datetime.strptime(x[4],'%Y/%m/%d') for x in Well_GantList]

clr=[x[6] for x in Well_GantList]
itvl_days=abs(SDate[0]-EDate[-1]).days/90 #根据现实效果测试的,1/90作为间隔首尾部重
EDate = [datetime.datetime.strptime(x[4],'%Y/%m/%d') + datetime.timedelta(days=-itvl_days) for x in Well_GantList]
Ly=[x[5] for x in Well_GantList]
```

```
years = mdates.YearLocator()    # every year
months = mdates.MonthLocator()  # every month
yearsFmt = mdates.DateFormatter('%y')  #%Y 代表 2012  %y 代表 12

plt.figure(1,figsize=(9,4),dpi=100) #设置图像尺寸
ax = plt.axes()
ax.xaxis.set_major_locator(years)
ax.xaxis.set_major_formatter(yearsFmt)
ytickList=[]
y2tickList=[]

for x in LyDiv :
    ytickList.append(x[1])
    y2tickList.append(x[0])
ytickList.reverse()
y2tickList.reverse()

ytickList.insert(0,'')
y2tickList.insert(0,'')
ax.set_yticklabels(ytickList)

#添加标注
for i in range(len(BEDate)) :
    temp=BEDate[i][2]+'\\n' * 2+BEDate[i][3]
    itvl_days = abs(datetime.datetime.strptime(BEDate[i][0], '%Y/%m/%d
')-datetime.datetime.strptime(BEDate[i][1], '%Y/%m/%d')).days/2
    MidX = datetime.datetime.strptime(BEDate[i][0], '%Y/%m/%d') +
datetime.timedelta(days=itvl_days)
    MidY=round(len(ytickList)/2)+1
    ax.annotate(temp,(MidX,MidY),textcoords='offset points',xytext=(-20, -
20))
color_mapper = np.vectorize(lambda x: {1: 'red', -1: '#436EEE'}.get(x)) #
Map value to color
```

```
plt. hlines(Ly, SDate, EDate,colors=color_mapper(clr))
clrList=['green','red','red','brown','#436EEE']

#绘制箭头
for i in range(len(SDate)):
    plt. plot(SDate[i], Ly[i], '|',mfc=clrList[clr[i]],mec=clrList[clr[i]],
markeredgewidth=1. 5,label=Well_GantList[i][2])        #'#00CED1'
    plt. plot(EDate[i], Ly[i], '>',mfc=clrList[clr[i]],mec=clrList[clr[i]],
markeredgewidth=1. 5)        #    mfc='none'空心的

plt. savefig(Name+"_HisGraph. png",dpi=150,bbox_inches='tight')
plt. show()
```

5.3 理论计算

本例来自油藏工程方法，是理论公式应用的具体实现，包括水驱可采储量预测、见水时间预测。

5.3.1 可采储量预测

水驱可采储量预测的理论公式较简单，如图 5-9 在半对数图上做直线拟合。日常应用中常需要自己手动选择直线段，但人为主观因素容易造成预测结果偏差。本例在常规方法基础上加入了直线段的自动识别（查找一阶导数的连续平稳段），这样给出一组可采储量的预测结果。

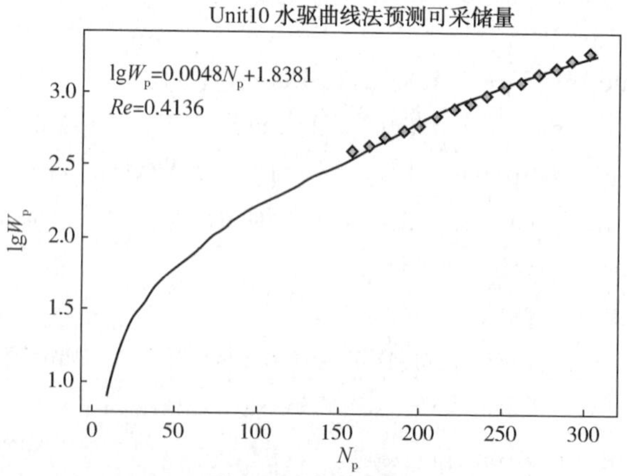

图 5-9 水驱曲线

```
# -*- coding: utf-8 -*-
"""
Created on Tue Jul 21 14:01:00 2020
5.3.1RePrediction.py    @ author:Buyahui
水驱特征曲线预测采收率
(1)作图 lgWp-Np 半对数图,拟合 a,b
(2)输入极限含水 fw=0.98 ,储量 N0
(3) Np=(lg10(fw/2.303/b/(1-fw))-a)
    Re=Np/No
"""
import pandas as pd
import matplotlib.pyplot as plt
import math
import numpy as np

plt.rcParams['font.sans-serif']=['SimHei'] #用来正常显示中文标签
plt.rcParams['axes.unicode_minus']=False #用来正常显示负号

'''----------用户可修改文件------------'''
UnitName='Unit10'           #单元名称
FileName='UnitData.csv'  #单元生产数据
No=911                      #单元储量(万吨)
N_bins=10                   #统计分布直方图段数
Limit_fw=0.98               #极限含水率
N_Month=12                  #自动寻找平稳段要求连续多少个月平稳

'''------------开始预测----------------'''
df=pd.read_csv(FileName,encoding='gbk') #读取数据
df=df[['累积产油量 104t','累积产水量 108m3']] #获取有用数据
df.rename(columns={'累积产油量 104t':'Np','累积产水量 108m3':'Wp'},
inplace=True)  #替换列表名,中文换英文
df['logWp']=np.log10(df['Wp']) #计算累产水对数
df['d1Wp'] = (df["logWp"].shift(1)-df["logWp"].shift(-1))/(df["
Np"].shift(1)-df["Np"].shift(-1)) #对累产水求导
```

```
data=df['d1Wp'].values.tolist()
n,bins,patch=plt.hist(data,bins=N_bins)    #做直方图,统计连续段界限
data=df['logWp'].values.tolist() #根据 logWp 的变化情况统计连续段

Line=[]
Segment=[]  #保存平稳段
for boundary in bins[1:-1]:
    for i in range(len(data)-1):

        if abs(data[i+1]-data[i])<boundary:
            Line.append(i)
        else:
            Segment.append(Line)
            Line=[]
            Line.append(i)
    Segment.append(Line)

Segment=[x for x in Segment if len(x)>=N_Month]   #筛选连续 12 个月的直线段
Segment.sort(key= lambda x:len(x),reverse=True)    #倒序排列
HeadTail=[[x[0],x[-1]] for x in Segment if x[0]<x[-1]] #获取起点和终点序号

#查找重复元素
from collections import Counter
cnt = Counter()
for i in HeadTail:
    i = tuple(i)
    cnt[i] += 1
Segment=list(cnt.keys())

font2 = {'family' : 'Arial','weight' : 'bold','size' :12}   #设定显示字体
```

```
for i,item in enumerate(Segment):

    #直线方程拟合,返回直线方程系数 a,b
    z1 = np.polyfit(df['Np'][item[0]:item[1]],df['logWp'][item[0]:item[1]],1)

    a=round(z1[1],4) #保留 4 位小数
    b=round(z1[0],4)

    Np=(1/b)*(math.log10(Limit_fw/2.303/b/(1-Limit_fw))-a)
    Re=round(Np/No,4) #计算可采储量

    print(i,Re,'(',a,b,')')

    x_start=df['Np'][item[0]]
    y_start=df['logWp'][item[0]]
    x_end=df['Np'][item[1]]

    #拟合方程插值作图
    x_new = np.linspace(x_start,x_end,10)
    y_new=b*x_new+a

    plt.figure(figsize=(7, 5),dpi=150)
    plt.plot(df['Np'],df['logWp'],linewidth=2,c='b')
    plt.plot(x_new,y_new,c='r', linewidth=5, linestyle=':',alpha=0.8)
    plt.xlabel('Np',font2)
    plt.ylabel('logWp',font2)
    plt.title("{}水驱曲线法预测可采储量".format(UnitName))
    plt.tick_params(labelsize=15)

    #标注拟合公式信息
    str_tmp='logWp='+str(b)+'Np+'+str(a)+'\n\n'+'Re='+str(Re)
    plt.annotate(str_tmp,
                 xy=(0.15, 0.75), xycoords='figure fraction',
                 xytext=(0,0), textcoords='offset points', fontsize=12)
#透明图片,transparent = True
    plt.savefig(UnitName+'Np-logWp{}.png'.format(i),bbox_inches='tight')
```

5.3.2　水驱见水时间

根据相渗曲线预测见水时间，理论要求较深，需要参考油藏工程教科书。具体步骤如下：①原始相渗插值并转化为含水曲线。②分流量曲线求导（图 5-10），获取前缘含水饱和度。③计算非活塞因子及见水时间。该实例相对较综合，需要掌握插值计算、求导、数值积分、作图标注等操作。

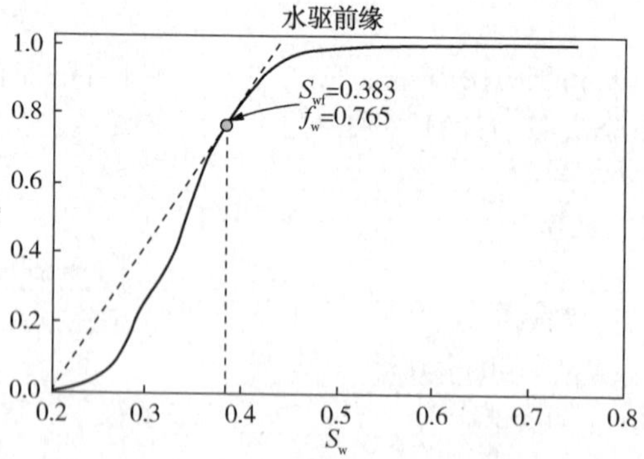

图 5-10　含水曲线求导获得前缘饱和度

```
# -*- coding: utf-8 -*-
"""
Created on Sun Mar 22 23:33:58 2020
5.3.2 WaterDriveFrontier.py @ author:Buyahui
"""
import  pandas as pd
import numpy as np
from scipy import interpolate

'''参数设置'''
L=300          #油藏长度(m)
D=50           #宽度(m)
H=8            #地层有效厚度(m)
dP=2.5         #注采压差 MPa
k=1000         #渗透率 10^-3μm^2
poro=0.23      #孔隙度,小数
```

```
uw=0.45         #地层水黏度 mPa·s
uo=30       #地层油黏度 mPa·s

Kr_data0=[[0.2,0.85,0],[0.25,0.72,0.0005],[0.27,0.66,0.001],[0.3,
0.58,0.003],
[0.33,0.49,0.005],[0.35,0.41,0.008],[0.38,0.33,0.015],[0.4,0.29,
0.021],
[0.45,0.14,0.053],[0.5,0.09,0.1],[0.55,0.05,0.13],[0.6,0.034,
0.19],[0.65,0.02,0.24],
[0.7,0.01,0.29],[0.75,0,0.35]]

'''Kr 进行插值处理'''
num=500    #插值均分点数
Sw=[x[0] for x in Kr_data0]
Kro=[x[1] for x in Kr_data0]
Krw=[x[2] for x in Kr_data0]
#相渗曲线做插值处理,准备做积分
Sw_new=np.linspace(min(Sw),max(Sw),num) #生成要插值点
fun_Interplate=interpolate.interp1d(Sw,Kro,kind='quadratic') #油相曲线插值
quadratic,slinear
Kro_new=fun_Interplate(Sw_new) #
fun_Interplate=interpolate.interp1d(Sw,Krw,kind='quadratic') #水相曲线插值
Krw_new=fun_Interplate(Sw_new)
#插值结果放在 dataframe
Kr_data1=np.array([Sw_new,Kro_new,Krw_new])
Kr_data1=np.transpose(Kr_data1).tolist()
Kr_Curve=pd.DataFrame(Kr_data1,columns=['Sw','Kro','Krw'])
#绘制插值后相渗曲线
ax=Kr_Curve.plot('Sw','Kro',kind='scatter',color='Red',title='Relative Per-
meability Curve',xlim=(0,1),ylim=(0,1.05),figsize=(6,5), label='Kro')
Kr_Curve.plot('Sw','Krw',kind='scatter',color='Blue',xlim=(0,1),ylim=(0,
1.05),ax=ax, label='Krw')

'''step1:计算含水曲线'''
```

```
#添加新列计算 fw,作图查看
Kr_Curve['fw']=(Kr_Curve['Krw']/uw) /(Kr_Curve['Krw']/uw+Kr_Curve['
Kro']/uo)
Kr_Curve.plot('Sw','fw',xlim=(0,1),ylim=(0,1.0),label='fw')

'''step2:求切线回执前缘 Swf'''
#添加新列,计算分流量导数 dfw,作图查看
Kr_Curve['tan_fw']=Kr_Curve['fw']/(Kr_Curve['Sw']-Kr_Curve['Sw']
.min())
Kr_Curve.plot('Sw','tan_fw')

#找导数最大值点,赋值前缘 Swf dfw
Swf=Kr_Curve[Kr_Curve['tan_fw']==Kr_Curve['tan_fw'].max()]['Sw
'].values[0] #找最大值
fw_Swf=Kr_Curve[Kr_Curve['tan_fw']==Kr_Curve['tan_fw'].max()]['fw
'].values[0]
tan_fw=Kr_Curve[Kr_Curve['tan_fw']==Kr_Curve['tan_fw'].max()]['tan_fw
'].values[0]#找最大值

'''Step3:计算 Swf 以后不同含水饱和度下的含水上升率'''
Kr_Curve['dfw']=(Kr_Curve["fw"].shift(1)-Kr_Curve["fw"].shift(-
1))/(Kr_Curve["Sw"].shift(1)-Kr_Curve["Sw"].shift(-1))
Kr_Curve.plot('Sw','dfw')

'''Step4:计算 I(swf)和非活塞因子 E'''
#计算中间系数 A
Kr_Curve['A']=Kr_Curve['Kro']+uo/uw * Kr_Curve['Krw']
Kr_Curve['A']=1/Kr_Curve['A']
Kr_Curve['I']=(Kr_Curve['A']+Kr_Curve['A'].shift(1)) * (Kr_Curve['dfw
'].shift(1)-Kr_Curve['dfw'])/2
I_Swf=Kr_Curve[Kr_Curve['Sw']>=Swf]['I'].sum()

#计算非活塞因子
E=Kr_Curve['Kro'][0] * I_Swf-tan_fw
```

```
'''Step5:计算初始时刻产量'''
qi=(k*Kr_Curve['Kro'][0]*H*D*dP)/(uo*L)

'''Step6:计算无因次时间 tD'''
t=np.linspace(0.01,40,11)
tD=qi*t/(poro*H*D*L)

'''Step7:计算见水时间 tf'''
tDf=1/(tan_fw**2)*(tan_fw+E/2)
tf=tDf/tD

'''Step8:计算见水前不同时刻产量和地下累积产量 V'''
q=qi/(1+2*E*tD)
V=poro*H*D*L*((1+2*E*tD)**0.5-1)/E

#保存结果
Result=pd.DataFrame([t,q,V],index=['t','q','V'])
Result.T.to_excel('Ans.xlsx', sheet_name='Sheet1')

'''Matplotlib 作图'''
import matplotlib.pyplot as plt
plt.figure(figsize=(8,5), dpi=80)  #设置图像尺寸和分辨率
plt.plot(Kr_Curve['Sw'], Kr_Curve['fw'], color="blue", linewidth=2.5, linestyle="-", label="cosine",zorder=-1)  #画分流量 fw 曲线

#画切线
plt.plot([Kr_Curve['Sw'][0],1/tan_fw+0.2],[Kr_Curve['fw'][0],1], color='red',  linewidth=1.5, linestyle="--")
plt.scatter([Swf,],[fw_Swf,], 50, color ='red')  #画切点
#画切点对应竖线
plt.plot([Swf, Swf],[fw_Swf,0], color ='red',  linewidth = 1.5, linestyle="--")
plt.xlim([0.2,0.8])  #调整横纵坐标的显示范围
```

```
plt.ylim([0,1.02])
#添加切点的标注信息 Swf=...
str_tmp='Swf='+str(round(Swf,3))+'\n'+'fw='+str(round(fw_Swf,3))
plt.annotate(str_tmp, xy=(Swf, fw_Swf), xycoords='data',
            xytext=(60, 0), textcoords='offset points', fontsize=16,
            arrowprops=dict(arrowstyle="->", connectionstyle="arc3,rad=.2"))
plt.tick_params(labelsize=15) #设置坐标轴数字字体
#设置坐标轴字体
plt.xlabel('Sw',fontsize=16)   # Add an x-label to the axes.
plt.ylabel('fw',fontsize=16)   # Add a y-label to the axes.
plt.title("Water Drive Front Edge",fontsize=20)   # Add a title to the axes.
```

5.3.3 多油田生产规划

本例展示了多油藏多种增产措施生产规划模型，假设有 3 个区块（A1、A2、A3)和 7 种措施(新井、侧钻、大修等)，通过统计方法可以获得在不同油田的储量、深度、物性、井数、产量递减率条件下，每种措施的成功率和增油效果。于是，可以利用随机模拟方法，寻找给定产量或总投资约束条件下增油最多、投资最少最优的组合。

```
# -*- coding: utf-8 -*-
"""
Created on Fri Sep 25 08:13:45 2020   @author: Byh
5.3.3ProductionPlanning.py @  author:Buyahui
"""
import random
import pandas as pd
import matplotlib.pyplot as plt

plt.rcParams['font.sans-serif']=['SimHei'] #用来正常显示中文标签
plt.rcParams['axes.unicode_minus']=False #用来正常显示负号

Qo_t_1= 1.2          #上一年的产量,万吨
DecRate = 0.06       #递减率,小数
po=2500              #原油单价元/吨
```

```
'''措施类型,单价(万元),千米难度系数,成功率,年增油量(万吨_,次数'''
M_List=[['新井',400,50,0.4,0.6,0],
        ['侧钻',60,3,0.3,0.2,0],
        ['下电泵',20,5,0.4,0.3,0],
        ['转抽',25,3,0.23,0.2,0.1,0],
        ['查层补孔',18,5,0.25,0.15,0],
        ['卡堵水',25,4,0.33,0.2,0],
        ['大修',60,7,0.32,0.45,0]]

M_NameList=[x[0] for x in M_List]

'''开发单表:名称,储量,深度,渗透率,井数'''
R_List=[['A1',600,2500,400,70],
        ['A2',800,1500,600,60],
        ['A3',300,2000,200,52],]

'''---------随机模拟--------'''
def word_count(nums):
    dict={}
    for it in nums:
        if it not in dict:
            dict[it] = 1
        else: dict[it] += 1
    return dict

#随机选择生产措施组合
def RamdomSelctMeasure(Ct_Limit):

    '''---------约束条件---------'''
    M_Limit=90   #措施井数最多 100
    h=1500

    #随机措施数量,满足总量要求
```

```
M_Count=0
Ct_tmp=0
Qo_tmp=0
YearM_List=[]

for x in M_List: #计数器清零
    x[5]=0

while Ct_tmp<Ct_Limit and M_Count<=M_Limit:

    M_Slice=random.sample(M_List,1)[0]

    index=M_NameList.index(M_Slice[0])
    M_List[index][5]=M_List[index][5]+1

    M_Count=M_Count+1
    Ct_tmp=Ct_tmp+M_Slice[1]+M_Slice[2]*h/1000

    Succ=M_Slice[3]-M_Slice[5]*0.05 #基础成功率减次数成功率,次数越多,成功率越差

    if Succ<=0 :
        Succ=0

    Qo_tmp=Qo_tmp+M_Slice[4]*Succ    #增油量乘以成功率

    YearM_List.append(M_Slice)
    NewWellCheck=[x[0] for x in YearM_List]


#倒退回上一个结果,不超过成本预算
Ct_tmp=Ct_tmp-M_Slice[1]-M_Slice[2]*h/1000
Qo_tmp=Qo_tmp-M_Slice[4]*M_Slice[3]
del YearM_List[-1]
```

```
    #措施结果出来了,按措施个数计算
    Qo_t=Qo_t_1 * (1-DecRate)+Qo_tmp
    Profit=round(po * Qo_t-Ct_tmp,2)

    return round(Qo_t,4),Ct_tmp,Profit,word_count(NewWellCheck)

Ct_List=list(range(1000,8000,200))

Result=[]
for x in Ct_List:
    for i in range(20):
        tmp=RamdomSelctMeasure(x)
        Result.append([x,tmp[0],tmp[1],tmp[2],tmp[3]])

name=['成本上限','产量(万吨)','成本(万元)','效益(万元)','组合']
test=pd.DataFrame(columns=name,data=Result)
test.to_csv('ReservoirDevelopModel.csv',encoding='gbk')

test.plot(x='成本(万元)',y='效益(万元)',kind='scatter',color='r',s=32,
figsize=(8,5),alpha=0.4,fontsize=16)
test.plot(x='成本(万元)',y='产量(万吨)',kind='scatter',color='b',s=32,
figsize=(8,5),alpha=0.4,fontsize=16)
```

5.4 数值模拟

使用 Python 可以直接对数值模拟文件进行修改，对数值模拟结果文件提取作图，多个方案优化时可以编写成小模块串联起来，工作效率将会得到极大提高。要实现这种操作，必须先了解文件保存的格式。

以 Eclipse 为例，数值模拟完整保存在 *.data 中，也可以分布式保存在多个 *.INC 文件中。这些文件都可以通过文本编辑器进行修改，只要通过文本方式锁定关键字位置，提取关键字后边的参数就能实现批量生成数模方案。

5.4.1 Summary 文件

模拟结果保存在两种类型文件中，第一类是开发指标文件(Summary)，即产油量、产水量、井底压力曲线等。Summary 文件保存通常分布在两个文件中，＊.FSMSPEC 和＊.FRSSPEC。输出文件详细格式说明参考说明书文件 FileFormatsReferenceManual.pdf。

＊.FSMSPEC 是一个很小的文件，作用相当于一个头文件，保存了开发指标的关键字、单位、数据类型等信息。＊.FRSSPEC，是真正保存结果数据的位置。这种分布式保存方法最大的弊端是数据展示不直观，不知道某个时间步某个开发指标究竟是多少。还好控制结果输出的 Summary 文件提供了一个很好用的关键字 EXCEL，模拟结束会多生成一个＊.RSM 文件，结果是按照 EXCEL 格式，非常方便读取。以下实例自动获取指定文件夹下的所有 RSM 文件，把数据提取出来存放在 CSV 文件中。

```
# -*- coding: utf-8 -*-
"""
Created on Sun Jan 24 09:44:59 2021
5.4.1ReadEclRSM.py   @ author:Buyahui
"""
import os
import pandas as pd
import numpy as np

RSMpath=r".\\Result"
list1=os.listdir(RSMpath) #返回指定目录下文件列表
RSMList=[]
for x in list1:
if x.split(".")[1]=="RSM" :
RSMList.append([x.split(".")[0],x])    #ProjectName ,RSM 文件

#循环读入所有 RSM 文件
for xx in RSMList[0:2]:
    # ------读取 RSM 文件,注意提前加 EXCEl 关键字-------
    PrjectName=RSMpath+xx[0]
    RSMFile=RSMpath+"\\"+xx[1]
```

```
fo = open(RSMFile,'r')
initial_data = fo.readlines()          #将 txt 文件转换为列表
numberoflines = len(initial_data)    #得到行数
#print('OpenFile:',RSMFile,numberoflines)

list1=[]
del initial_data[0:2]
del initial_data[1:4]

for x in initial_data:
    ss=x.split(' ')
    ss=[x.strip() for x in ss if x.strip() != ''] #删除空值
    list1.append(ss)

df_Summary=pd.DataFrame(list1[1:],columns=list1[0])
df_Summary.to_csv(xx[0]+".csv")
```

5.4.2 Restart 文件

模拟结果的第二类是场量文件，即每个时间步的压力场、饱和度场等，因为每个网格都有一个数值，文件通常比较大。一个时间步的所有场保存在一个 *.F* 文件中，也就是经常看到的 *.F0001、*.F0002。注意，为了方便数据读取，必须在 data 文件中提前加入 FMTOUT 关键字，不添加时结果显示 *.A0001。

读取场量数据，第一步打开文件锁定要读取关键字的位置，第二步读取关键字后的数据，注意场量数据每 4 个一行，如果有 2500 个网格，则需要往下读取 625 行，若除以 4 有余数，最后一行不满 4 个数字也要读取。

以下实例是读取一个时间步的含油饱和度场 S_o，按照层绘制每层(K)的 S_o 分布图。具体来讲，以下代码分为两步走，第一步，锁定关键字及相关数据，保存在 *.tmp 文件中，这样 tmp 中只保存的有用信息；第二步，使用 np.genfromtxt 读取 tmp 中的数据，经过测试当网格数据比较多时，gefromtxt 函数的读取效率非常高，但是原始文件中有太多的无用信息，必须提前过滤掉，因而采用两步走的方法。

```
"""
Created on Wed May 13 13:44:09 2020
5.4.2ReadEclRestart.py @ author:Buyahui
"""
import re
import numpy as np
import pandas as pd
import matplotlib.pyplot as plt

# ---------三个方向上网格数据-----------------------------------------------------------
Nx = 50
Ny = 50
Nz = 10

Dx=20
Dy=20

WellLoc=[[15,25],[35,25]]

for x in WellLoc:
    x[0]=(x[0]-0.5)*Dx
    x[1]=(x[1]-0.5)*Dy

#相对参考系原点
x0=WellLoc[0][0]
y0=WellLoc[0][1]

# ---------读取文件每行数据储存为列表-------------
FileName='EX1_E100.F0006'
fo = open(FileName,'r')
initial_data = fo.readlines()
numberoflines = len(initial_data)
print('OpenFile:',FileName,numberoflines)
```

```
# --------找到文件中 SWAT 数据位置和行数----------------------
i = 0
for line in initial_data:
    i=i+1
    if "SWAT" in line :
        A_Line = i  #SWAT 关键字定位
        data_num =int(re.findall(r"\d+", initial_data[A_Line-1])[0])
        Z_Line=A_Line+data_num//4+1
        print(A_Line,Z_Line)
        break

file = open('tmp.txt','w')
for x in initial_data[A_Line:Z_Line-1]:
    file.write(x)
file.close()
Sw=np.genfromtxt('./tmp.txt',delimiter='   ')
So=1-Sw  #转化为 SOIL
X=np.linspace(10,990,50)
Y=np.linspace(10,990,50)
So=So.reshape(10,50,50)  #按照 K,I,J 顺序取数据

plt.rcParams['savefig.dpi'] = 100 #图片像素
plt.rcParams['figure.dpi'] = 100 #分辨率
plt.rcParams['figure.figsize'] = (6.0, 6.0) #设置 figure_size 尺寸
plt.rcParams['image.interpolation'] = 'nearest' #设置 interpolation style
plt.rcParams['image.cmap'] = 'jet' #设置 颜色 style

for i in range(Nz):
    plt.figure(i)
    d1=So[i,:,:]      #获取第一层数据
    plt.title("K="+str(i+1))
    for x in WellLoc:
```

```
        plt.scatter(x[0]-1,x[1]-1,c='',edgecolors='w',s=80,marker='o',
lw=2)
    plt.imshow(d1)   #cmap=plt.cm.gray   ,cmap=plt.cm.jet
    plt.savefig("./figure_img"+str(i+1)+".png")
```

5.4.3 调用数值模拟器

用外部程序调用 Eclipse 模拟计算其实并不难，事实上官方文件里提供了非常详细说明(EclrunUserGuide.pdf)，在 windows 的 cmd 命令行下，输入以下语句即可实现调用，语法结构如下：

```
eclrun [options] [PROGRAM] [DIRECTORY|FILE]
where
(1) PROGRAM is one of: e300, ecl2ix, eclipse, frontsim, flogrid, floviz, graf, grid, ix, office, pvti, scal, schedule, simopt, vfpi, visagAe, ens, openpipesim to run the specified application,
• check to check on the status of the previously submitted job,
• kill to abort a queued or running job.
(2) DIRECTORY is the working directory for interactive applications. The default is the current working
directory
(3) FILE is the name of the input data file. This is required for ecl2ix, eclipse, e300, frontsim, ix, ens, check, kill. It may include a leading path and a trailing extension.
```

如果看懂了以上说明文件，应该会瞬间明白 Python 调用 ecl 的方法就是通过 os.system 调用 windows 实现。

```
import os
cmd=r"eclrun eclipse G:\..\Plan1.data"
os.system(cmd)
```

5.4.4 XTGeo 介绍

作为一名初学要多多尝试，有时故意放弃捷径，不断磨砺提高自己的代码编写水平，而作为一名工作者，要学会想办法用最短时间找到最佳解决途径。从网上搜索别人的成果无疑是最好的方法，而 Eclipse 数值模拟文件的成熟解决方案就是 XTGeo。

XTGeo 油藏数值模拟 Eclipse 模型处理 Python 库，是用 C 语言写，并且 Python 包使用了大量的 NumPy 和 Pandas 以保证数据处理的性能，官方给出的较为详细的教程。

https：//xtgeo. readthedocs. io/en/latest/。

https：//pypi. org/project/xtgeo/。

可惜使用方法给的例子很少，还需要自己花时间进行研读体会。在未来数值模拟器会开放更多的接口，方便用户实现自己的模拟方案，学会 Python 无疑是打开这条高效工作路径的最佳选择。

后记 Postscript

这篇后记主要内容来自 2020 年 6 月“大数据技术论坛”报告的主要内容，原题目为《油藏工程的 AI 还有多远?》。时间位于大数据概念出现后的第 8 年，也是我接触大数据及人工智能的第 2 年。

按照时间顺序，自己反复回忆与大数据的点点滴滴，从刚接触大数据、人工智能时的兴奋不已，到逐渐看清、看懂各种算法的奥妙与不足，开始用理智的眼光看待这门技术在油藏领域的发展，并寻找自己努力的方向。印象中第一次听到“BigData”是在 2014 年 4 月，有学生参加面试时向我们推荐一本书，用坚定而兴奋的语气对我讲“一定要看看这本书，大数据时代已经来了。”其实，后来很久才知道就是那本舍恩伯格的《大数据时代》。

“大数据”这个新词给每个人都带来冲击，带来新想法。从互联网上搜索后才知道，源头竟然是 2011 年麦肯锡公司发布的《大数据：下一个创新、竞争和生产力的前沿》研究报告。2012 年，英国牛津大学教授舍恩伯格所著《大数据时代：生活、工作与思维的大变革》一书的宣传推广，使 BigData 这一概念迅速风靡全球，成为科研机构、高校、企业、政府部门等各界的“新宠”。

为什么先在这些部门火起来，是因为新概念、新方法的出现，对科研机构、高校意味着新的课题、新的科研经费；对政府来说是新的就业方向、新的规划、新的经济增长点。2012 年，我们没有迎来世界末日，却在不知不觉中见证了大数据元年。

当然也有人否定 2012 年是大数据元年，比如阿里巴巴首席技术官（CTO）王坚 2016 年 1 月说的一句话：“这是一个人人都在谈大数据的时代，但只有极少数人在用大数据，2016 年才是真正意义上的大数据元年。”“我们将迈入大数据的一个新时代，敏捷、准确、低成本的数据分析和预测将成为现实。”

笔者非常喜欢这句话，因为在谈论大数据时，很多人总在纠结“5V”（即 Volume、Variety、Value、Velocity 和 Veraciey）这样的概念。甚至有人讲油气田开发算不上大数据，因为它不满足这些特点。这个时候，笔者就特别喜欢用上这句话。别管我们是 3V 还是 5V，能否给我们也作出一个敏捷、准确、低成本的数据分析方法，能做出来，油藏工程的大数据就做成了。

真正让笔者开始重视大数据源于麦肯锡另一份报告《The Oil and Gas Organization of the Future》，这篇报告在当时读起来很震撼，并且几年时间过去了，在眼见这个行业的各种变化后更是佩服文章对未来的预测能力。

开篇词是这样说的，“今天的石油和天然气组织是在资源匮乏的时代发展起来的。为了解决那些难以找到、难以开发的资源，企业需要建立功能强大、组织复杂的机构。这种模式使他们能够应对可怕的技术挑战，管理巨大的政治和运营风险，并根据需要在全世界部署稀缺人才。但是，这种组织模式也导致了大型企业增加成本、抑制创新和决策缓慢的弊病。”

未来三个改变游戏规则的趋势正在重塑这个行业：

(1) 丰富的储量资源。行业内的人应该都很清楚，当前仅仅开采了资源金字塔尖的一小部分。虽然开采难度还是很大，但页岩气、页岩油这类非常规资源的储量非常大，这些资源的潜力随着油价升被释放出来。也就是说，一个资源丰富的世界正导致油价持续走低。

(2) 技术的长足进步。信息化建设、智慧油田建设，获取数据越来越便捷，更新速度越来越快，要有驾驭数据的本领，要有自动化分析技术，使得油田管理的效率越来越高，成本越来越低。

(3) 人工结构的变化。“千禧一代”逐渐成为劳动市场主力，其价值观发生变化。

当前，我们采用相对固定的组织结构，如研究院下设几个研究室，研究室下设几个研究组，人员是固定在组里的。未来，项目组将成为主流的方式，以周研究任务为目标，快速组建团队，任务结束，团队解散并开始下一份研究工作。为了适应这种灵活的办公方式，需要建立数字化组织。数字化组织将带来安全性和生产力的显著改变，出现新的工作种类和能力，出现新的人员管理方法、绩效考核方法。

读完这篇文章，我想用两句话表达我最深的感受。第一，借用《孙子兵法》的开篇词“死生之地，存亡之道，不可不察也。”有人总说我们搞大数据是蹭热点。搞大数据不是蹭热点，实则不然，是关乎企业的生存发展的迫切需求。第二，借用恩格斯的名言，“社会一旦有技术上的需要，这种需要就会比十所大学更能把科学推向前进。”若要问我，油藏工程的AI还有多远？我说不会太远，因为需求太旺盛，也因为全行业都在热火朝天地往前推。

很快，这些变化在各种媒体报道中得到认证。例如，2018年9月中国海油原董事长杨华给中国海油全体干部员工写了一封“充满焦虑”的信。总结这封信的中心思想，就是：油气行业必须向数字化转型，适应数据时代，否则，没有未来。2020 年 4 月，中国石油董事长戴厚良接连召开两个会议听取中国石油数字化转型发展框架方案汇报，安排部署数字化转型重点工作；动员推进提质增效，管理上大力压降成本费用。通过这两个会议，传递出加快加深推进数字化转型的重要信号。

我们总在提人工智能，究竟它具体指什么？实质上，对很多机器学习算法中多数算法我们一点不陌生。例如，蒙特卡洛、聚类、支持向量机。比较先进的算法包括深度学习、迁移学习、强化学习。为什么机器学习、人工智能当前特别热，主要因为深度学习的出现，例如公路上能自动驾驶，赛场上能下赢围棋。我们常说的 AI，已经特指以“深度学习”为代表的新方法，且深度学习已经成为人工智能的代名词。

深度学习、机器学习、人工智能三者是什么关系？是一个子集关系。人工智能概念最宽泛，机器学习是其中一部分，深度学习是当前最先进的机器学习算法。按照时间发展的先后，人工智能兴起的年代，是从第二次世界大战后到 1980 年，代表作是机器下跳棋。1980—2010 年，是机器学习的时代，比较有代表的算法为 SVM 支持向量机做垃圾邮件分类、手写数字识别。到了近 10 年，深度学习算法使得图像识别达到人类的水平。

“神经网络”与“深度学习”又是什么关系？深度学习的本质就是神经网络，“深度 = 许多层”，在神经网络发展的历史上，出现过两次低潮，其中一次就是受到以支持向量机为代表的算法打压。

接下来，为什么叫深度学习？有人说因为换个名字好申请科研经费。但是，不管叫深度学习的初衷是什么，随着算法的改进，深度学习以自己切切实实的战绩证明了自己的价值，也证明了与传统神经网络的不同。深度学习与神经网络的关系，类似集成电路和超大规模集成电路，还是那些神经元，只是神经元多了、层多了，量变带来了质变。

人工智能在何处应用得最好？从各行各业的统计结果可以得到以下认识：数据量大，统计规律强的领域，什么方法都好用(零售、制造业)。但深度学习显示出极大的潜力，然而尚未达到“一统天下”，也不用言必称“深度学习”。每个算法都有其适用性，都有存在价值。

写这本书时，本也想把机器学习的内容写进去，考虑再三还是放弃了。正如以上调研报告所述，油气行业还处于起步阶段。一是笔者还没有太多成熟、贴近油藏工程师们的应用实例拿出来分享，只能拿出人云亦云的例子作讲解，毕竟目前这部分还处于前沿研究阶段。二是目前未能见到很好的产品，可能地质研究方面的进展相对成熟，因为其本身研究的基础就是统计规律，而在开发研究方面更多地需要从数据质量、样本数量入手，要走很远的路。

人工智能有什么价值？将清华大学-中国工程院知识智能研究中心在《人工智能的发展报告》中的最后两句直接引用在油气行业，笔者认为还是很贴切的。依托大数据，对庞大的信息资源进行处理，分析得到有效数据，避免了错误的经济决策。依托智能化的精准控制来达到减少资源浪费、提高生产水平和生产效率的目的。

那么，机器学习能够帮助我们什么？就是把一些只知道结果但又说不出明确界限的“规则”，用特殊函数表达出来，极大节省了发现、总结“规则”的时间。

机器学习既然有这么好的算法，可以帮助我们找规律。正常来讲普及应用应该很快，何以在油气开发领域未看到特别成熟的应用场景。深度学习算法应用挑战主要矛盾表现在以下几个方面：数据量不足 、数据质量差、没有代表性、无关属性、拟合不足和过拟合。机器学习面临的挑战，记住一句话即可，即“数据和特征决定了机器学习的上限，而模型和算法只是逼近这个上限而已。”那么，数据和特征质量该由谁去做？是我们自己！

“人工智能来了，不需要人来干活了吗？”是低端的工作被机器取代。地质工程师、油藏工程师，不断尝试新的认识，机器的认识才能得以提高。大数据究竟解决什么问题？是认知问题吗？认知问题还是需要人来解决，机器最多能辅助人加快认知。大数据倾向解决效率问题，是把人的认识和经验更快地总结出来，把规则快速以代码的方式加以固化，放在软件里用起来。有了大数据技术，今天总结了个新方法，明天可能编程代码，后天就上线测试、推广应用。这就是机器学习的价值。

油藏工程 AI 是什么水平？笔者认为，过去以“月”为单位的任务变为以“周”为单位，工作时间压缩 75%。按照工作流程，我们现在的工作就是一个数据源头，两大工作流。第一个慢下来的环节就是井和层数据没有关联。一旦这个环节打通，油藏工程这些图件、数值模拟都应该很快出来，这就是目前市场上各种软件所做的工作。把智能算法加以应用，进一步地节省时间，比如学习相渗 PVT，做基于数据的注采联通分析和递减规律分析等，进一步节省时间。国内还保留着油藏工程的方法，相同的数据通过数值模拟做一遍，通过油藏工程再做一遍，存在重复性劳动。

大数据算法与油藏工程方法的关系，与数值模拟的关系？答案是互补关系。研究初期提供数据样本，最终嵌入两大传统工作流之中，并升级为“全新的油藏工程”。

受数据质量和数量的限制，大数据在技术中的应用还有很长的路要走，但是要注意，其在油藏经营管理方面可能很快开花结果。因为经营管理流程很多已经实现了线上运行，数据结构与商业大数据结构更类似。未来，你会很快挖掘出哪家公司提供的设备、产品维护率低，使用时间最长；挖掘出哪位工程师设计的油井措施增油最多、时效更长；甚至各种汇报材料里谁写的公式，谁的图版最受现场欢迎，谁的引用率最高，都能够被挖掘出来。大数据与管理融合、大数据与绩效融合时，就会极大促进生产力的发展。

油藏工程的 AI 迟早要来，但不快不慢。其快不起来是因为我们的数据有个性，有质量问题，不能套用成熟模式，需要边探索场景算法，边改善数据质量。其慢不下来是因为行业强大的需求动力，跨行业的经验借鉴，以人才队伍的不断完善和政策倾斜。

笔者还是很期待看到这一天的早日到来。油藏工程 AI 到来后，我们的工作更轻松吗？想象一下吧，每天有大数据盯着你思考如何用大数据干活，年底有大数据给你的工作价值更客观的打分，工作依旧辛苦，但对喜欢机器学习的人来说更有乐趣。所以，笔者建议早点学习大数据，早点尝试机器学习，当然第一步必然要从 Python 开始。

卜亚辉

于山东东营